新QC七つ道具

混沌解明・未来洞察・重点問題の
設定と解決

一般社団法人 日本品質管理学会 監修

猪原　正守　著

日本規格協会

JSQC選書
JAPANESE SOCIETY FOR
QUALITY CONTROL

26

JSQC選書刊行特別委員会
(50音順，敬称略，所属は発行時)

委員長	飯塚　悦功	東京大学名誉教授
委　員	岩崎日出男	近畿大学名誉教授
	長田　　洋	東京工業大学名誉教授
	久保田洋志	広島工業大学名誉教授
	鈴木　和幸	電気通信大学大学院情報理工学研究科情報学専攻
	鈴木　秀男	慶應義塾大学理工学部管理工学科
	田中　健次	電気通信大学大学院情報理工学研究科情報学専攻
	田村　泰彦	株式会社構造化知識研究所
	水流　聡子	東京大学大学院工学系研究科化学システム工学専攻
	中條　武志	中央大学理工学部経営システム工学科
	永田　　靖	早稲田大学理工学術院創造理工学部経営システム工学科
	宮村　鐵夫	中央大学理工学部経営システム工学科
	棟近　雅彦	早稲田大学理工学術院創造理工学部経営システム工学科
	山田　　秀	慶應義塾大学理工学部管理工学科
	藤本　眞男	一般財団法人日本規格協会

●執筆者●

猪原　正守　大阪電気通信大学情報通信工学部情報工学科

発刊に寄せて

　日本の国際競争力は，BRICs などの目覚しい発展の中にあって，停滞気味である．また近年，社会の安全・安心を脅かす企業の不祥事や重大事故の多発が大きな社会問題となっている．背景には短期的な業績思考，過度な価格競争によるコスト削減偏重のものづくりやサービスの提供といった経営のあり方や，また，経営者の倫理観の欠如によるところが根底にあろう．

　ものづくりサイドから見れば，商品ライフサイクルの短命化と新製品開発競争，採用技術の高度化・複合化・融合化や，一方で進展する雇用形態の変化等の環境下，それらに対応する技術開発や技術の伝承，そして品質管理のあり方等の問題が顕在化してきていることは確かである．

　日本の国際競争力強化は，ものづくり強化にかかっている．それは，"品質立国"を再生復活させること，すなわち"品質"世界一の日本ブランドを復活させることである．これは市場・経済のグローバル化のもとに，単に現在のグローバル企業だけの課題ではなく，国内型企業にも求められるものであり，またものづくり企業のみならず広義のサービス産業全体にも求められるものである．

　これらの状況を認識し，日本の総合力を最大活用する意味で，産官学連携を強化し，広義の"品質の確保"，"品質の展開"，"品質の創造"及びそのための"人の育成"，"経営システムの革新"が求められる．

"品質の確保"はいうまでもなく，顧客及び社会に約束した質と価値を守り，安全と安心を保証することである．また"品質の展開"は，ものづくり企業で展開し実績のある品質の確保に関する考え方，理論，ツール，マネジメントシステムなどの他産業への展開であり，全産業の国際競争力を底上げするものである．そして"品質の創造"とは，顧客や社会への新しい価値の開発とその提供であり，さらなる国際競争力の強化を図ることである．これらは数年前，（社）日本品質管理学会の会長在任中に策定した中期計画の基本方針でもある．産官学が連携して知恵を出し合い，実践して，新たな価値を作り出していくことが今ほど求められる時代はないと考える．

ここに，（社）日本品質管理学会が，この趣旨に準じて『JSQC選書』シリーズを出していく意義は誠に大きい．"品質立国"再構築によって，国際競争力強化を目指す日本全体にとって，『JSQC選書』シリーズが広くお役立ちできることを期待したい．

2008年9月1日

社団法人経済同友会代表幹事
株式会社リコー代表取締役会長執行役員
（元 社団法人日本品質管理学会会長）

桜井　正光

まえがき

　新QC七つ道具（以下，「N7」（エヌナナ）という）は，1972年4月に発足した「日本科学技術連盟　品質管理ベーシックコース」に属するQC手法開発部会の研究に始まる．同部会では，当時のTQCが主戦場としていた製造部門における問題解決のためのQC七つ道具や統計的品質管理手法（SQC）に加え，研究開発部門や営業部門，あるいは本社部門における混沌の解明と未来洞察，そこから導かれるバックキャスティング的思考に基づく重点的・挑戦的課題の設定と臨戦即応的な解決手段の発想による挑戦的問題解決を行う方法として，言語データを中心とする問題解決手法としてN7の提案を企図した．

　企業が持続的に成長するため，10年を超える長きにわたって基礎から応用までの技術研究を行うためには，長期を見通した的確なテーマを選定しなければならない．そのため，企業の内外に散在する情報から演繹的アプローチに基づいて策定されるテーマをタテ軸として，帰納的アプローチによって推測される変化をヨコ軸としたマトリックス図の交点においてアブダクティブな発想（ひらめき）を利かすことが必要になると考えられる．

　また，企業のブランドを構築し，顧客信頼度を勝ち得る営業活動を展開するためには，聞こえてくる顧客の声のみでなく，潜在している顧客ニーズを断片的情報から演繹的，帰納的，あるいはアブダクティブなアプローチで解釈，理解することが必要となる．

さらに，本社部門，特に経営計画を司る経営企画部門において，中・長期経営計画を実現するための年度トップ方針，これを受けた方針管理活動に対するトップ診断を通じて，企業内に存在する強み（Strength），弱み（Weakness）と社外の機会（Opportunity），脅威（Threat）の関係をマトリックス図に整理することで，的確な年度方針を策定しなければならない．

このようなとき必要となる混沌解明・未来洞察・バックキャスティング・挑戦問題の解決に重要な役割を果たすデータとして言語データに注目し，言語データを解析する手法の開発を目指してN7の開発がスタートしたのである．

日本品質管理学会（JSQC）の選書として執筆の依頼を受け，どのように執筆すれば，N7の本質を伝えられるかと悩む日々を過ごした．その折り，N7のバイブル的書物である「管理者・スタッフの新QC七つ道具」[27]の「まえがき」にある次の記述に行き当たった．少し長くなるが，本書の意図をご理解いただくために紹介する．

> 「（前略）体質改善を進めるには，企業の全構成員が『考える品質経営』に徹する必要がある．（中略）品質管理用の道具としては，すでにQC七つ道具，統計的方法および実験計画法などがある．（中略）管理者・スタッフの役割は，データをとって解析することに重点があるのではない．むしろ，それに先立つ，問題の設定や計画の立案，部門間調整にある．」

このように，N7は，混沌解明を通じて未来を洞察し，いま解決すべき問題を設定，その解決計画を立案するとともに，自分（た

ち），あるいは自部門・自組織のみでは解決に至らない問題の解決プロセスを管理するための問題解決法である．巷には，問題解決における考え方として，QC的ものの見方・考え方，デザイン思考，フォアキャスティング思考とバックキャスティング思考，インサイド・アウト思考とアウトサイド・イン思考など，さまざまな思考のあり方が溢れる．ここに紹介するN7は，それらの思考法を体系的に取り入れた問題解決法である．

第2の悩みは「JSQC選書であるから，N7の本質を伝えたいが，どうすればよいか」ということであった．N7は，親和図法，連関図法，系統図法，マトリックス図法，アロー・ダイヤグラム法，PDPC法，マトリックス・データ解析法の七つの手法で構成される．各手法の考え方，活用手順，事例などを解説した書籍は数多く出版されている．筆者も，そうした書籍の著者となってきた経緯がある．

N7の本質を押さえつつ，その魅力を余すところなく伝えるよい方法がないか．苦慮する中で，たどり着いた答えが，QCストーリーに沿ったN7の記述である．QC七つ道具やSQCが存在感を示しているのは，QCストーリーに沿った，それらの考え方が記述されているからである．この結論に至ったことから，本書を，次のように構成することにした．

第1章において，問題解決におけるN7の役割を概説する．続いて，第2章において，親和図法による混沌解明と未来洞察について説明し，そこで発想した"あるべき姿"や"ありたい姿"としての目標・目的を達成するために解決すべき問題の設定法——バッ

クキャスティング的な問題の設定法——としての連関図法を，第3章で説明する．その後，第4章において，設定された問題を解決する手段の展開・発想法として，系統図法と連関図法を説明する．第5章では，そうした抜け落ちのない手段群の中から最適手段を選定する手法としてマトリックス図法を説明し，最適手段の実施詳細計画の立案のための手法としてアロー・ダイヤグラム法（第6章）とPDPC法（第7章）を説明する．

なお，本書では，N7にマトリックス・データ解析法として組み込まれている主成分分析法を割愛し，浅田潔氏によって提唱されたPDCA-TC法[1]を第8章で説明することにした．

N7の本質を記すための適切な事例を整理することに時間を浪費した結果，本書の執筆から脱稿までには数年の歳月を必要とすることになった．そのため，飯塚悦功東京大学名誉教授やJSQC選書編集委員会委員各位，日本規格協会出版部の関係者各位には多大なご迷惑をおかけすることとなってしまった．日ごろからの温かい指導と叱責に感謝申し上げる．

最後に，本書執筆の機会を与えていただいたすべての方々，日本科学技術連盟 大阪事務所内の先端品質マネジメント手法研究（AQMaT）部会において，貴重な実践事例を提供していただき，有用な討論に参加いただいている部会会員の方々に感謝申し上げたい．

2016年9月

猪原　正守

目　　次

発刊に寄せて
まえがき

第1章　問題解決における N7 の役割

1.1　問　題　と　は ………………………………………………… 13
1.2　問 題 の 分 類 …………………………………………………… 14
1.3　QC ストーリーと N7 …………………………………………… 15
1.4　問題解決に役立つ考え方 ……………………………………… 33

第2章　混沌解明と知の創出

2.1　親和図法とは …………………………………………………… 39
2.2　親和図法と KJ 法 ……………………………………………… 39
2.3　混沌解明と未来洞察 …………………………………………… 43
　　事例 2.1　将来の自社ビジネスのあるべき姿 ……………… 43
　　事例 2.2　SQC 教育体系のあるべき姿 ……………………… 43
2.4　知　の　創　出 ………………………………………………… 47
　　事例 2.3　TQM 指導会の重点課題設定 …………………… 47
　　事例 2.4　中国における製造現場の改善活動を通じた
　　　　　　　人材育成の活性化 ……………………………… 48
2.5　親和図法による発想の本質 …………………………………… 53
　　事例 2.5　オリジナルデータは同じでも，結論は違う ……… 53

第3章　重要問題の設定

- 3.1　連関図法とは …………………………………………… 61
- 3.2　なぜ，TQM活動がうまく機能しないか？ …………… 63
  - 事例3.1　なぜ，品質問題は再発するか？ ……………… 66
  - 事例3.2　なぜ，経理業務の処理能力が向上しないか？ … 69
  - 事例3.3　QCサークルの活性化に対する阻害要因 ……… 71

第4章　問題解決手段の発想と最適手段の選定

- 4.1　系統図法とは …………………………………………… 79
  - 事例4.1　品質問題の再発防止 …………………………… 80
  - 事例4.2　TQMの実施による経営改革 …………………… 86
  - 事例4.3　連関図活用による手段発想 …………………… 88
  - 事例4.4　QCサークル活動の活性化 ……………………… 92

第5章　多次元思考による抜け落ち防止

- 5.1　マトリックス図法とは ………………………………… 99
  - 事例5.1　年度方針の策定 ………………………………… 100

第6章　アロー・ダイヤグラム法

- 6.1　アロー・ダイヤグラム法とは ………………………… 105
- 6.2　アロー・ダイヤグラム法の基本 ……………………… 106
  - 事例6.1　知財部におけるプロジェクト管理 …………… 107
  - 事例6.2　QCサークルによる日常業務改善 ……………… 109

第7章　臨戦即応体制の構築

- 7.1　PDPC法とは ……………………………………………… 113

7.2　PDPC 法の理解 …………………………………… 114
　　事例 7.1　新製品開発事例 ………………………………… 116
　　事例 7.2　営業における QNP 法 ………………………… 117
　　事例 7.3　P 回路のコスト低減設計 ……………………… 120

第 8 章　PDCA-TC 法

8.1　適 用 場 面 ………………………………………… 123
8.2　PDCA-TC 法の手順 ……………………………… 125
　　事例 8.1　構内油の構外流出未然防止 …………………… 127

第 9 章　N7 の企業における実践事例

　　事例 9.1　火力発電所における復水器性能管理の
　　　　　　　最適化運用について ………………………… 129
　　事例 9.2　電柱建替え時の安全性を向上させるには ……… 144

あ と が き …………………………………………………… 157
　　　　　　　　　　　　　　　　引用・参考文献 ………… 159
　　　　　　　　　　　　　　　　索　　　引 …………… 161

第1章 問題解決における N7 の役割

1.1 問題とは

「問題とは何か」については諸説がある．JSQC標準化委員会の刊行した「品質管理85」では，「問題とは，設定してある目標と現実との，対策して克服する必要のあるギャップである」と定義する．また，「課題とは，設定しようとする目標と現実との，対策を必要とするギャップである」と定義する[25]．

「あなたの問題は何ですか」という質問に対して，「年度売上目標が未達になっていることです」と返答する人がいるが，それは年度方針の目標と実績の間にギャップがあると述べたものである．筆者は，「このギャップは結果系の解決しなければならない課題であって，本当に解決しなければならないのは，そのような結果に至ったシステムやプロセスに内在する要因である」と述べ，問題と課題を区分することを紹介した[3]．

一方，飯塚と金子[2]は，「問題とは，現在そして将来を考えたとき，何らかの対応をしておかなければならない事象を意味している．課題という言い方をして，起きてしまった狭義の問題とタイプの異なる問題を表現しようとする場合もあるが，もちろんその意味での課題を含む」と述べ，問題と課題をわかりやすく整理してい

る．この考え方は，「品質管理85」の考え方と筆者の考え方を包含するものであり，本書でも，飯塚と金子[2]の定義を踏襲することにした．

1.2 問題の分類

私たちの扱う問題について，納谷[23]は，問題解決の計画段階に着目して，Plan 1「混沌事象の整理と問題の設定する段階」，Plan 2「手段の展開する段階」，Plan 3「手段を時系列的に配列，実行計画を作成する段階」と分類している．また，谷津[28]は，問題の設定，発生のあり方，解決のあり方に着目することで，次のように分類している．

① 目標設定（What）型の問題

新規事業開発などの未知・未経験な領域にチャレンジしたいが，あるべき姿が描き切れていない．そのため，あるべき姿（目標）を設定することが求められる問題

② 原因分析（Why）型の問題

あるべき姿は現在のしくみの中で達成できるはずであるが，未達になっている．そのため，その原因を明らかにすることが求められる問題

③ 手段発見（How）型の問題

あるべき姿が現在のしくみの延長線では達成することができない．そのため，これを達成するための手段を発見することが求められる問題

一方，ケプナーとトリゴー[15]は，状況把握型，問題分析型，決定分析型および潜在的問題分析型として，問題の4分類を行っている．納谷，谷津，ケプナーとトリゴーを要約すると，上記①〜③に加え，第4の問題として，次を取り上げることができる．

④ 事態予測型の問題

あるべき姿を実現できる手段はわかっているが，それを実施する過程でどのような事態が発生するかがわかっていない．そのため，事態の推移とともに発生が懸念される状況を予測し，最適策を継続的に実施することが求められる問題

1.3 QCストーリーとN7

問題が上述の①〜④のいずれであっても，それらを解決するために適用すべき問題解決の手順はQCストーリーである[*1]．「はじめに」で述べたように，N7の本質を説明するためにも，このQCストーリーに沿った説明が適切であると考える．

(1) 問題の設定――あるべき姿・ありたい姿の明確化

欧米に追い付け追い越せの時代には，解決すべき問題が明確であった．しかし，「ものづくり」から「コトづくり」の求められる時代における問題解決活動では，この"あるべき姿"や"ありたい

[*1] QCストーリーについては，問題解決型，課題達成型，施策実行型などの諸説あるが，ここでは，「問題の設定→現状把握→目標設定→対策検討→実行計画の作成→実施→効果確認」のプロセスを指すものとする．

姿"を明確化することが，最も求められている．

　管理者・スタッフの行う問題解決活動において，会社の中・長期経営計画や年度部門長方針との関係から問題が設定される場合がある．また，職場第一線のQCサークル活動や小集団活動においては，第1回サークル会合におけるブレーンストーミングを通じて取り上げられた解決したい事象や望ましい事象から，その財務効果や職場に及ぼす効果，期限内に問題を解決できる実現性，問題解決に必要な費用や時間などの経済性，問題の緊急性，上位方針との関係性など，いくつかの評価軸に基づく多次元的評価の結果として，問題を設定する場合がある．

　しかし，製造現場における継続的な標準の改善と職場活性化を企図して推進してきたQCサークル活動にマンネリ感が漂っている．経営トップは，QCサークル活動を通じた品質意識・安全意識・原価意識などの意識高揚，コミュニケーションを通じた技能伝承など，その必要性と重要性を強く認識している．その中で「近年の我が社におけるQCサークル活動は停滞している」という危機感が募り始めた．

　このような，トップミッションを受けた管理者・スタッフの問題解決活動においては，QCサークル活動の活性化を左右する政治・経済・社会情報，人々の労働価値観や人生観，あるいは職場の人間関係など，近未来を予測できる情報と予測できないが見えている情報（現状で予測される状態が継続する線形情報と現状で予測される状態の継続が保証されない非線形情報，あるいは連続情報と不連続情報ともいえる）を採取し，そこから"あるべき姿"や"ありたい

姿"を明確化する必要がある．

　図 1.1（18 ページ）は，筆者が QC サークル近畿支部 近畿南地区副世話人を拝命したとき，地区幹事研修会における十数名の幹事諸氏とのブレーンストーミングを通じて得た情報をもとに作成した親和図である．筆者としては，「QC サークル活動とは何か？」ということさえ不勉強な状況で世話人を拝命したため，「QC サークル活動の本質」を知ることは喫緊の課題であった．

　いまから思えば，当たり前のようにも思える．しかし，この当時「QC サークル活動とは何か？」について勉学を始めたところであって，その本質を知ることもなかった．そんな筆者が，この親和図を作成するプロセスを経て，QC サークル活動に期待されている本質とは，

　① 職場内に顕在，あるいは潜在する問題の発見・顕在化と再発防止
　② 良好な職場づくりと人づくり
　③ 全員参加による継続的な標準の改善と改定
　④ 上司の QC サークル活動に対する理解促進——待ちではなく攻めのこころ

の 4 項目にあることを理解することができた．この当たり前の"あるべき姿"を明確にすることができたことは，その後の筆者の世話人業務の役割を明確にするうえで貴重な財産となった．

(2) 現状把握——解決すべき問題の明確化

「問題とは，現実に見えている事象と，将来を考えたとき解決し

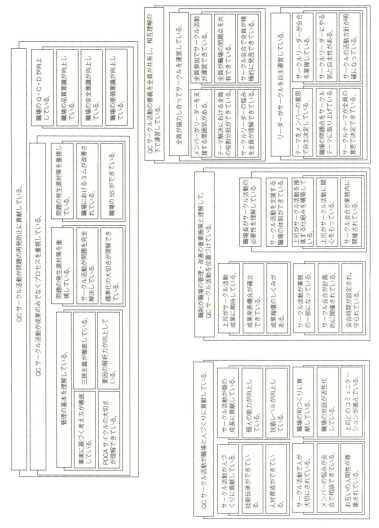

図 1.1 QC サークル活動のあるべき姿とは

ておかなければならない事象である」と述べた．前者の問題は，関係する個別事象や工程，材料，人など，問題の発生源を構成要素とした，要素別パレート図の作成を通じた重点指向の考え方によって明確にできる［この点については，拙著[3]を参照されたい］．

しかし，後者の問題，"あるべき姿"や"ありたい姿"を明確化できても，その実現を問題として設定することができない．"あるべき姿"や"ありたい姿"の実現を阻害している要因を明確にし，その重要要因を"問題"として設定する必要がある．このような場合，図 1.1 で明確化できた「〜ができている」という"あるべき姿"を「〜ができていない」という"問題"に変換したうえで，その根本原因を明らかにする必要がある（図 1.2，20 ページ参照）．

(3) 目標の設定

上司方針「在庫回転率の 20％低減による製造原価 10％の低減」が設定されたならば，「在庫回転率の目標を，どうやって，いつまでに」という形の問題を設定しなければならない．在庫回転率の構成要素に対する現状分析を行い，「○○○工程におけるリードタイムを 40％低減する」ことで目標を達成できるとわかれば，問題は，「○○○工程におけるリードタイムを，年度末までに 40％低減する」と設定できる（図 1.3 参照）．

しかし，職場第一線の QC サークル活動や小集団活動における問題解決活動を除いて，方策系の目標値を設定することは容易ではなく，管理者・スタッフの場合には，「○○○におけるリードタイムを低減することによって，在庫回転率を 20％向上する」という問

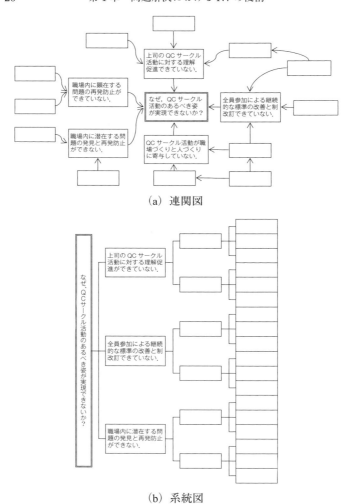

図 1.2 連関図と系統図による重要要因の探索

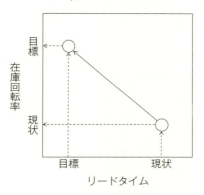

図 1.3　問題に対する目標の設定

題の設定になるかもしれない（これでは，目標管理的な活動になってしまうが！）．

(4) 要因の分析

現状把握の段階を通じて明らかにされた目標達成のための阻害要因が，直ちに対策につながる場合は少なく，それらの阻害要因に対する要因の深堀りを必要とする場合が多い．そのような場合，機械・設備，方法・標準，人の資質と能力，計測などのマネジメントの 5M 要素，あるいは，品質保証システム，人材育成システム，原価管理システムなどのマネジメントシステムを中心として，三現主義に基づくブレーンストーミング法を用いた特性要因図や 5 ゲン主義の考え方に基づく FTA などによる要因分析（仮説生成）を行う．

しかし，「なぜ，JHS 部門の QC サークル活動の活性化は難しい

か?」という問題に対する要因分析を行う場合,特性要因図における5Mや作業プロセスのような大骨を特定した「なぜなぜ問答」を行うことができなかったり,要因系統図を用いた一次要因に対する二次要因,二次要因に対する三次要因を逐次的に列挙できなかったりすることがある.そのような場合には,図1.4に例示する連関図を活用した「なぜなぜ問答」のほうが好都合なこともある.

同図では「とにかく仕事に追われて忙しい」「全員参加の活動を行うことが難しい」「製造や技術部門と違って,QCツールを活用できる場目が少ない」「メンバー全員に共通したテーマを設定することが難しい」という一次要因からスタートして,

① 発表資料の作成に多大な工数をとられる.
② 業務の多能工化が遅れている.
③ 思考プロセスは,各人の暗黙知(KKD)が支配している.
④ 上司がマネジメントにおけるQCサークル活動の意義を理解していない.
⑤ ばらつきを定量的に把握することが難しい.
⑥ 業務の詳細なプロセスが明文化できていない.

という6項目の重要要因を抽出できている.

ケプナーとトリゴー[15]は,問題分析における「なぜなぜ問答」を行う中で,「その要因は問題の対象には存在する(Is)が,他の対象には存在しない(Is not)かどうか」を事実に基づいて検証することの重要性を指摘している.私たちの経験知や理論を事実と考えるのであれば,この指摘は望ましい姿であるかもしれない.問題が発生しているのは,これまでの経験知や理論に基づく業務推進

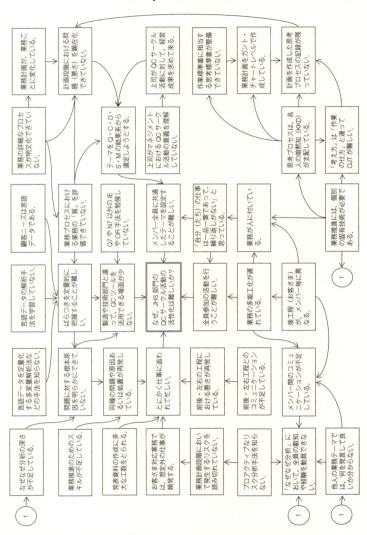

図 1.4 なぜ JHS 部門の QC サークル活動の活性化は難しいか？

の中で発生している可能性を否定できない以上,要因の解析で重要な事実は,経験知や理論を超えた現場にあると考えるべきである.その意味で,要因の分析では,これまでの経験知や理論に基づき,ブレーンストーミングの4原則(自由奔放,質より量,批判厳禁,結合改善)に沿った「なぜなぜ問答」を行った後,重要と考えられる要因を仮説として抽出し,既存のデータや計画的に収集された実験・調査・観察データを活用した相関分析や因果分析などの統計的検証を行うことが推奨される.

しかし,図1.4の連関図によって,「業務の詳細なプロセスが明文化されていない」ことが重要要因であるという仮説を生成できたとしても,このことが「QCサークルの活性化」と相関関係や因果関係を有しているかどうかをデータで検証することは容易なことではない.このような場合,いたずらにデータによる検証を標準化するよりも,私たちの経験知や第三者の声によって確かさを検証するほうが実務的である.

なお,同図における要因追究型連関図では,一次要因と二次要因の関係を論理的に展開しているとはいっても,FTAにおけるAND回路とOR回路の区分を明確にしたものではない.この意味での論理性を担保した「なぜなぜ問答」を行うのであれば,要因追究型連関図や要因展開型系統図よりも,FTAによる「なぜなぜ問答」が有効である.

(5) 対策の検討と最適策の選定

問題に対する重要要因が明らかになれば,それらの再発を防止す

る手段,あるいは,それらを実現する手段を検討し,その効果,実現性,経済性,緊急性,副作用などの視点から最適策を選定することになる.

解決手段の展開には,「目的→一次手段→二次手段→三次手段」と逐次的に手段を展開する手段展開型系統図,「目的→手段(=目的)→手段」と論理的に手段を展開する手段展開型連関図などが活用される(図1.5, 26ページ参照).

これらの目的を達成する,すなわち,問題を解決するために実施すべき手段が取り上げられると,それらの中から最適な手段を選定しなければならない.そのためには,選定基準が必要になる.このとき,手段を実施したときの目的に対する効果(「有効性」という),その手段を実現するうえでの技術的,あるいは納期的な難易度(「実現性」という),その手段を実施ために必要な人,もの,金,時間などのリソース(「経済性」という)など,多次元的に評価するため,マトリックス図を活用することになる(図1.6, 27ページ参照).また,総合評価の高い手段を実施したときに発生する副作用(ある種のリスク)についても検討することも大切である.

(6) 実施計画の作成と実施

最適策が選定されると,それを実施することになる.このとき,実施策の詳細な実施計画に対するガントチャートを作成する場合が多いかもしれない.しかし,実施策に日程遅れが発生した場合の計画変更の全体推進計画に対する影響,日程計画の中で重点的に管理しなければならないパス(「クリティカル・パス」という),全体日

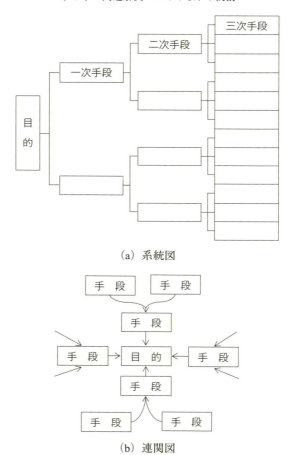

(a) 系統図

(b) 連関図

図 1.5 手段展開型の系統図と連関図

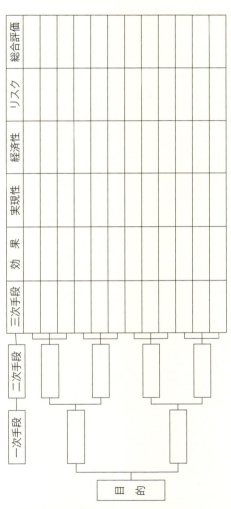

図 1.6 最適先選定のための評価マトリックス

程を短縮するため，重点的にリソース配分すべき工程の特定など，詳細計画の実態を把握するためには，ガントチャートよりもプロジェクトマネジメント手法のほうが好都合なことが多い．

プロジェクトマネジメント手法には，個々の業務（タスク）をこなすために必要な日程に基づいて，プロジェクト全体として必要な日程を見積もるものである．数理解析的な性質のあるものとしてはPERT，CPM，GERTやモンテカルロ法などが知られている．

PERT（Program Evaluation and Review Technique 又は Project Evaluation and Review Technique）は，対象とするプロジェクトの完遂に必要なタスクを分析する手法であって，各タスク完了に必要な時間を分析し，プロジェクト全体を完了させるのに必要な最小時間を特定する手法である．PERTは，1958年に米国のポラリス潜水艦発射弾道ミサイルプロジェクトの一部として開発されたものであって，大規模で複雑なプロジェクトの計画立案とスケジューリングを単純化するために開発された．全作業の正確な詳細と期間が不明であっても，不確実性を含んだままプロジェクトのスケジューリングを行うことができる．開始・終了指向というよりもイベント指向の技法というべきもので，コストよりも時間が主要な要因となる研究開発プロジェクトに向いている．これは，フォード社が，科学的管理法を適用することによって大量生産・大量消費を可能にした生産システムであるフォーディズムの延長線上にある．このPERTの最も特徴的な図として，各タスクを矢印で相互接続したアロー・ダイヤグラムがある．

CPM（Critical Path Method）は，PERT開発と同時期にデュポ

ン社が開発したものであって,「① プロジェクトを完了させるまでに必要なすべての活動の一覧」「② 各活動にかかる時間」「③ 活動間の依存関係」を使い,クリティカル・パス（最重要経路）によってプロジェクト完了までにかかる最長の経路（依存関係のある一連の活動の連なり）を計算し,プロジェクト完了を延期せずに,それぞれの活動をスケジュールした場合の開始と終了の最も早い時期と最も遅い時期を求めることができる.この CPM を活用することによって,どの活動がクリティカル・パスにあるかを決め,どの活動にプロジェクトを遅延させずに活動開始を遅延できるかを決める.クリティカル・パスの活動に遅延が生じると,プロジェクト完了予定日に直接的な影響が生じる,すなわち,フロート（余裕時間）が全くないパスである.

CPM を適用した結果,一つのプロジェクトに複数の並行するクリティカル・パスが存在することもある.これらの結果により,管理者は活動を優先順位づけでき,プロジェクトの管理を効率化できる.そして,活動群をさらに並行に実施できるようにしたり（ファストトラッキング）,クリティカル・パスにさらにリソースを投入して期間を短縮させたりすることで,プロジェクト全体をより早期に完了させることもできる.

GERT（Graphical Evaluation and Review Technique）は,条件分岐やループ回数に確率概念を用いることで,期待値によるプロジェクトマネジメントを行うための確率的ネットワーク手法である.

N7 におけるアロー・ダイヤグラム法は,PERT における実務者

には必ずしもやさしくない数理的性質を犠牲にしつつ，CPM におけるクリティカル・パスの概念を保持することで，管理者・スタッフの問題解決における詳細実施計画作成のための手法として提案されたものである（図 1.7 参照）．

しかし，ある事項を実施したとき，当初計画していた内容と異なる結果が発生する可能性がある場合には，上述のアロー・ダイヤグラム法によってプロジェクトマネジメントを行うことができなくなる．そのような場合は，事態の進展とともに入手された情報を用いてプロジェクトの進捗を円滑化する手法として，すなわち，臨戦即応的なプロジェクトマネジメント手法として PDPC（Process Decision Program Chart）を補完的に活用することになる．

なお，実施計画を作成する際には，「自分がどのような志をもって臨むのか」「どのような点に心がけるのか」「組織や人をどのように活用していくのか」「活用する組織と自分の立場および予算との関連」などを記述しておくことが望まれる．

(7) 効果確認

一連の詳細事項を実施した結果，当初狙っていた結果系の目標値が達成できたかどうかを確認するとともに，その実施方策の到達目標値が達成されたかどうかを，数値データによって確認する．私たちは，結果系の目標値が達成できたかどうかの確認には関心があるが，方策系の目標値が到達されたかどうかに無頓着な場合もある．

図 1.8(32 ページ)における A の場合には問題がないが，B や D の場合だけでなく，C の原因を明らかにしておくことが必要になる．

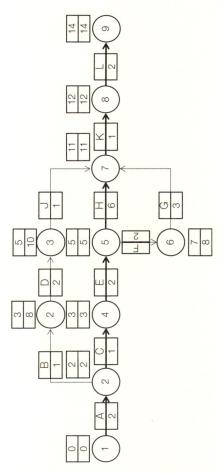

図 1.7 アロー・ダイヤグラムの概念図

仕事理論		目標系	
		達 成	未達成
方策系	達 成	A（人財）	B（人材）
	未達成	C（人在） Rotten Apples	D（人罪）

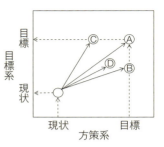

図 1.8 効果確認

（8）反省と残された問題の整理および標準化

このテーマに取り組むことで，「問題は完全に解決できたか」「できなかった場合には，何が問題点として残ったか」「その原因は何か，残った問題点に今後どのように取り組んでいくのか」などについて説明する．特に，テーマが完全に解決できた場合，新たにどのような問題が浮上し，それに対してどのように対応するのかを説明することが大切である．

問題解決活動には，会社方針や上位方針における「あの丘をとる」という場合と，決められた，あるいは，決めた標準における問題点を改善する場合がある．大野[9]は，トヨタ自動車株式会社における真の競争力として，継続的な標準の改善による継続的な標準化活動があると述べている．QCサークル活動のような現場第一線の改善活動に求められるのは，この継続的な標準化活動であり，問題解決活動の最後には，反省と標準化の精神を忘れないことが重要である．

1.4 問題解決に役立つ考え方

(1) 演繹法,帰納法,仮説生成法

ある曲線 $y=f(x)$ と直線 $y=a+bx$ で囲まれる領域の面積を求める問題を解くためには,少なくとも高等学校2年や3年で学ぶ微積分の知識が必要であり,金属疲労の問題を解くためには,金属工学や物理学の知識が必要である.ここで必要な知識は,高等学校や大学の講義で学ぶ理論であって,そこで活用される推論法は演繹法と呼ばれるものである.

一方,金属品を切断する工程における切断寸法の母平均 μ が,$\mu_0=50\,(\mathrm{cm})$,公差($\pm 3\sigma$)が $\pm 0.5\,(\mathrm{cm})$ と規定されている工程を考える.この母平均 μ が設計値 μ_0 から変化したかどうかを確認するためには,切断工程から無作為に抽出した製品に対する切断寸法データ $x_1, x_2, \cdots, x_n$ を用いた統計的検定が必要になる.その統計的検定において活用される推論法は帰納法と呼ばれるものである.

しかし,「職場活性化を実現するためにQCサークル活動はどうあるべきか」というテーマで関係者からヒヤリングした声を活用して"あるべき姿"を明らかにするためには,演繹法や帰納法では不十分であり,アブダクション(Abduction)と呼ばれる思考法が必要になる.この思考法では,演繹法や帰納法の際に用いる左脳ではなく,感情や情念の世界で機能する右脳を用いるといわれ,創造・発想を生む思考法であるともいわれている.なお,このアブダクションは仮説生成法と呼ばれることがある(図1.9参照).

A：この袋には白玉が入っている．
B：これらの玉はこの袋から取られた．
C：これらの玉は白色である．

A：これらの玉は白色である．
B：これらの玉はこの袋から取られた．
C：この袋の玉はすべて白玉である
　　（この袋には白玉が入っている）．

A：これらの玉は白色である．
B：この袋には白玉が入っている．
C：これらの玉はこの袋から取られた
　　（と考えれば，事実に矛盾がない）．

図 1.9　三つの思考法 [30]

(2) 分析的アプローチと設計的アプローチとしての N7

　問題を解決するためのアプローチには，分析的アプローチと設計的アプローチがある（図1.10参照）．前者は，20世紀の科学発展に貢献したデカルトのいう要素還元論的思考であって，全体をその構成要素に分解し，それぞれの要素の特徴を分析した後，全体に統合することで，全体の特徴を把握しようとする立場である．これは，還元された要素間の独立性を前提とする考え方であって，21世紀の複雑化・多様化する自然現象や社会現象においては，要素間の独立性確保が困難になっている．その結果，全体を部分に分けるのではなく，総体として理解しようとする立場から全体論的思考が注目されている．

　全体論的思考は，複雑で多様性の高い対象に対する思考で，シス

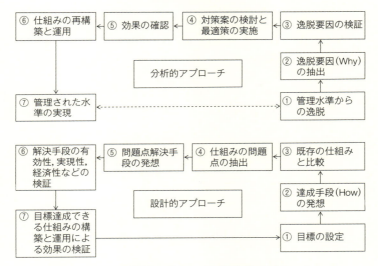

図 1.10 分析的アプローチと設計的アプローチ

テム認識に基づくシステム思考の一つである．私たちの対象とするシステムには，

① 全体性：共通の目的をもつ相互関連のある要素の集まりで，要素に還元できない創発性があること
② 開放性：システムは，環境の変化に順応して定常的状態を維持すること
③ 自己組織化：システムは，環境の構造変化に適応して，自己組織化（構造変革，成長）すること
④ ホロン（Holon）性：システムは，階層（Supra system, Subsystem）を構成し，自治と統合が両立する性質があること

という特徴がある^{*2}.

　この要素還元論的思考と全体論的思考について，浅田[1]は，フィッシャー[24]を引用して，次の一文を紹介している．「グローバルな市場がますます複雑化し，尖鋭化していけば，さらに多くの企業で必要になるのは，多様なデータを収集し，咀嚼し，評価して，さまざまなアイデアの集積の中で込み入った関係を構築し，予想もしないビジネスの展開に創造力を働かせ，あいまいさを受け入れ，複数の方向で戦略を立て，複雑な長期計画を立案し，幅広い結果を予想し，急激で思いがけない変化に対応し，万が一の場合の選択肢を準備し，広く社会的な文脈の中でビジネスの目標を設定し，システムの中で考え，精神的な柔軟性を維持し，多くの要請を一度にさばくことができる人材だろう．」そして，「日本の産業界に目を向けたとき，グローバルスタンダードという大波の真っ只中にあり，その激変ぶりは，過去の体制と規範が，ことごとく覆されようとしている点で，明治維新と重ね論じられるほどである．このような環境化で企業が立ち行くための経営戦略に求められるのは，現状に対する的確な『混沌解明』と，その結果から把握される21世紀における，あるべき姿の具現に向かって，一見不可能と思われる高い目標に果敢に『挑戦』することである．」と述べている．まさに至言である．

　さらに，浅田[1]は「21世紀の経営戦略」として「① 混沌解明」「② 挑戦項目と達成レベルの設定」「③ 挑戦管理」のステップが重

---

^{*2} この説明は，久保田洋志広島工業大学名誉教授のアドバイスによる．

要であって，②は経営トップの決断によるところが大きく，管理者・スタッフには，①と③の2項目への貢献が求められると述べ，N7はこれを支援する方法であると指摘している．まさに，同感である．なお，同氏も指摘するように，この全体論的思考の適用は，要素還元論的思考で解決できない，あるいは，ふさわしくない自然現象や社会現象に対するものであって，要素還元論的思考が再現性を要件とする分析の科学・技術の分野に基本となるは当然である．

　問題解決は，まず混沌とした状態から問題を設定し，その解決の糸口を明らかにするところから始まる．その意味で「混沌解明」と設定された挑戦課題に対する「挑戦」を実現するために活用できる手法には，個々の要素がもつ特徴を反映する数値データと固有技術によるSQC的方法論よりも，複雑化・多様化した自然現象や社会現象を反映する言語データを取り扱い，システム思考の一つの手法であるN7のほうがふさわしいといえる．

　次章からは，N7のそれぞれの方法論について，具体的な事例を中心として，その魅力を明らかにしていく．

第2章 混沌解明と知の創出

2.1 親和図法とは

親和図法は，N7の開発された当初は「KJ法」として紹介されたが，意匠登録の問題から，このような名称で紹介された手法であって，KJ法の基幹をなすA型図解法のことである．KJ法は，野外探索を通じて入手した膨大な情報から調査対象の本質を理解する過程で開発された手法で，入手した情報を小さな紙切れに記録し，それらを寄せ集めてまとめるところから「カミキレ法」と呼ばれていた．

N7を初めて勉強し，そこでKJ法の名前を見聞きした人は，親和図法の理解をもってKJ法を理解したと誤解する人もいるが，N7における親和図法を理解するためにも，KJ法の意義を理解することが大切であり，川喜田による一連の書物[7]〜[13]および梅棹[5]や山中[29]に頼らざるを得ない．

2.2 親和図法とKJ法

(1) 論理学としてのKJ法

KJ法は，その誕生のいきさつからいえるように，創出した仮説

の検証に役立つデータを採取し,演繹・帰納の順序を踏んで,仮説の正しさを検証する仮説検証型の推論法とは逆に,野外において関心のあったすべてのデータを採取し,その雑多なデータから仮説を生成する方法である.川喜田の友人であった上山春平氏は「その考え方が,アリストテレスが論理学の三つの方法としてあげた"帰納法,演繹法,アブダクション"のアブダクションにあたり,日本語訳をつけるとしたら"発想法"であろう」とコメントしたという話がある.

ここで大切な点は**「採取したデータを既知の区分に振り分ける演繹的な整理をしたり,論理的なグループ化による帰納的な整理をしたりするのではない」**ということである.

(2) 科学的方法としてのKJ法

科学には,学術的な文献と論理的な推論(演繹的推論や帰納的推論)を重視する書斎科学(研究室内科学)と,実際の現実のものに触れて,観察・観測したことをよりどころとする実験科学がある.これに対して,川喜田は実際の観察に基づく事実を重視する野外科学の重要性を主張している.

野外科学は,観察と経験を重視するという点において,実験科学と共通点をもっている.しかし,実験科学の扱う自然は反復可能な自然であるのに対し,野外科学の場合には,反復のない歴史的・地理的非反復性を帯びた個性的な自然である.また,実験科学が「仮説→演繹的推論→反証」の演繹的方法(Deduction)や「観察→帰納的推論→検証」の帰納的方法(Induction)による仮説の生成と

反証・検証を目的としているのに対し、野外科学は「意味→解釈→推論→了解」の解釈的方法（Abduction）に基づく仮説の生成を目的としている．

「日本科学技術連盟 品質管理ベーシックコース」に属するQC手法開発部会では、KJ法におけるこの自然を「人の集団も自然の一つであり、企業の現場も野外としての自然である」と理解し、混沌から飛躍するためのデザインアプローチ的手法として、親和図法の開発に着手したといわれる．

(3) W型問題解決モデルとしてのKJ法

上山春平氏は、演繹法、帰納法、発想法の関係を図2.1のように示唆した．

これにヒントを得て、川喜田[13]は、図2.2のW型問題解決モデルを提唱している．同図において"データをして語らしめる"機能こそKJ法の主たる役割である．

QC手法開発部会がKJ法のA型図解法をN7に組み入れたときの考え方を「未知・未経験の分野、あるいは、未来・将来のことなど、混沌としている状態の中から、あたかも夕暮れの空に一つ二つ

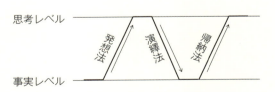

図 2.1 上山氏によるW型図解の原型

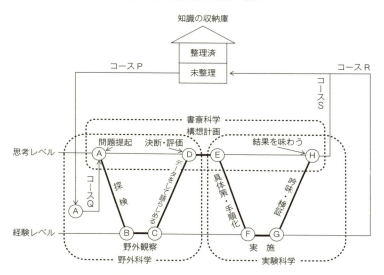

図 2.2 書斎科学，実験科学，野外科学と W 型問題解決モデル

と星の光を見つけ出すように，事実，あるいは意見，発想を言語データとしてとらえ，収集した言語データを相互の親和性によってまとめあげる方法である」と説明している．その機能は，「混沌解明や未来洞察」と「知の創出」にあるといえる．

前者の「混沌解明」とは，外部探検を通じて採取した，一見ばらばらで断片的な線形情報や非線形情報から，未来を洞察しようとするものであって，KJ 法における野外科学の真髄にあたる．一方，後者の「知の創出」とは，内部探索（我われの内省や記憶からの思い出し）を通じて採取した，我われの脳裏にあるが，まとまっていない情報から，現段階では未知のアイデアや理論・思想などを創出しようとする．

以下では，このような親和図法による混沌解明と知の創出の魅力を示すいくつかの事例を紹介しよう．

2.3 混沌解明と未来洞察

事例 2.1 将来の自社ビジネスのあるべき姿

いまから約四半世紀も前，ある建機メーカーでは，海外貿易摩擦と輸出自主規制や円高傾向の持続を受けて，先行き不透明な業界の将来像を描くため，政治・経済・社会動向に関する断片的な予測，業界のM&Aを含む海外生産拠点への展開，少子高齢化に見られる労働環境の変化など，数年後の見通しの効く（線形性のある）情報と全く予知・予測さえできない（非線形でカタストロフィックな）断片情報から構成されるオリジナルの言語データから親和カードを作成し，それらをオリジナルデータとする親和図を作成した（図2.3，44ページ参照）．

同図に示す親和データが語りかける"将来の自社ビジネスのあるべき姿"は，今日の情報化やボーダレス化，あるいは社会・経済問題の顕在化した社会においては当たり前のように見えるかもしれない．しかし，四半世紀の前に，現在では当たり前のビジネスのあるべき姿を未来洞察できていたことは，まさに驚愕の極みであろう．

事例 2.2 SQC教育体系のあるべき姿

企業の持続的成長のための競争優位要因は，今枝と古畑[4]が熱く語るように，「SQC教育体系の整備と実践」による技術者を中

第2章 混沌解明と知の創出

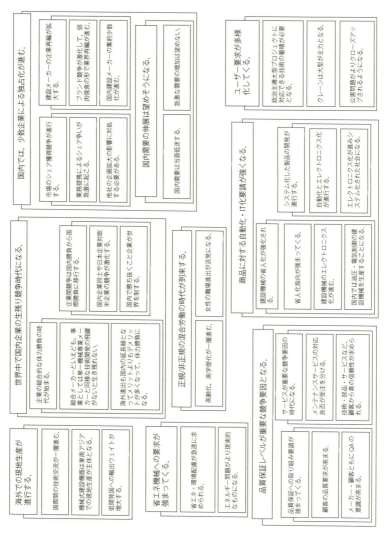

図2.3 将来の自社ビジネスのあるべき姿

2.3 混沌解明と未来洞察

心とした人材育成にある．関西に本社を置くある企業においても，「SQC教育体系の整備と実践」を継続してきたが，競争環境の変化を受け，抜本的な見直しを図ることとなった．このトップ方針を受け，同社の人材開発本部とCS推進部が中核となって活動を行うこととなり，筆者に協力要請がなされた．

このような漠然とした問題解決に応えるためには，これまでの教育に対する内省や記憶の思い出しを通じて，何となくわかっている断片的な情報を採取し，未だ経験のない新たな教育体系の整備という「未知の創出」プロセスが使命を決する．

そこで，「SQC教育のあるべき姿は何か」を明らかにするため，各部門の人事担当責任者に対して，「SQC教育のあるべき姿は何か」「SQC教育の何を期待するか」という内省と思い出しを狙ったヒヤリング調査を行った．得られたVOCは，SQC教育に対する人事担当責任者の意見，発想，推測などを表す重文や複文になっていることが多いため，そうした重文や複文を「主語，述語，目的語，補語」で構成される短文に変換することで言語データを作成し，それらの言語データ間の親和性に基づく親和図を作成した（図2.4，46ページ参照）．

この親和図を整理すると，

① 教育は継続的に行う必要がある．すなわち，入社から職階級の進展に伴ってSQCの基礎教育から品質管理検定2級，品質管理検定1級レベルへと継続して行う必要がある．

② SQC教育をQC教育の一環として位置づける必要がある．すなわち，品質管理のための問題発見法と問題解決法との関

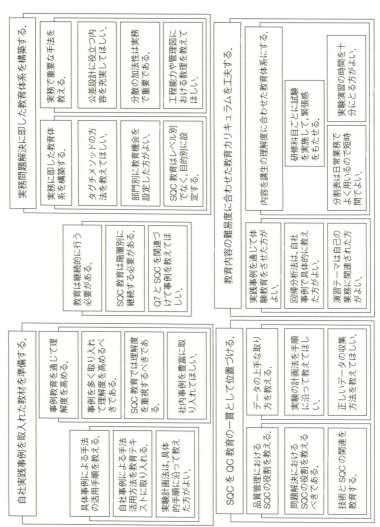

図 2.4 技術者に対する SQC 教育のあるべき姿

係を明確にした教育を行う必要がある．

③ 実務問題解決に即した教育体系を構築する必要がある．

という「教育体系のあり方」に対するものと，

④ 自社実践事例を取り入れた教材を準備する必要がある．

⑤ 教育内容の難易度に応じた教育カリキュラムを工夫する必要がある．

という，教材およびカリキュラムに対する意見に集約することができている．すなわち，教育体系の再整備を行ううえで，上記の5項目を実現できるものを目指すべきであるという問題点が明確になっている．

2.4 知の創出

事例 2.3 TQM 指導会の重点課題設定

ある会社で，外部指導講師による TQM 指導会（以下，「指導会」という）を再スタートさせるにあたって，重点的に指導を仰ぐテーマを設定することになった．同社では，数年前にデミング賞受賞を果たした際，外部指導講師による指導会を実施していたが，数年間にわたって中断した経緯があり，各部門からの反発も予想された．

経営トップは指導会を"外圧"として利用することで，社内のレベルを再活性化することに強い熱意があり，経営会議において指導会の再開は了承されていた．したがって，関係部門の理解（納得）を得ることが重要課題となっていた．

この問題に直面した筆者は，同社が年2回実施しているトップ診断における指摘事項（外部探検）を通じて採取した，一見するとばらばらで断片的な情報から，TQM推進部門のメンバーに協力していただき，すでに知られている（はずの）知の本質を解明するため，親和図を作成した（図2.5参照）．

図2.5を見ると，

① 新製品開発段階における品質問題の再発防止
② 現場管理能力不足と日常管理不徹底に起因する品質問題の未然防止
③ 外注先の品質向上のための支援・指導のあり方

という三つの視点から指導会のテーマを設定する必要性を明らかにできている．すなわち「企業体質の再強化」や「TQMレベルの再強化」といった抽象的な問題認識ではなく，上記3項目を重点テーマとした指導会の再開こそが求められる姿なのであると理解できる．

事例2.4 中国における製造現場の改善活動を通じた人材育成の活性化

企業や組織における競争優位要因が「人材育成の活性化」にあることは，洋の東西を問わない．特に，国内自動車部品メーカーの保安部品を製造委託しているある中小企業では，顧客の中国生産拠点拡大に呼応する形で中国進出を果たしたが，製造現場の改善活動を通じた人材育成の不活発さに起因すると思われる品質問題が多発していた．

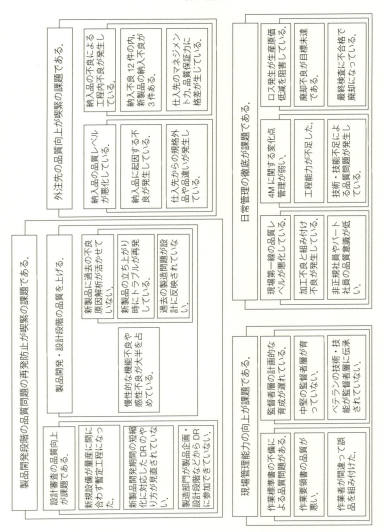

図 2.5 TQM 指導会において取り上げるべき重点課題

このような場合，QC的問題解決のアプローチから考えれば，現地の製造現場で発生している品質問題の発生件数，あるいは損失金額などに対するパレート図を作成し，上位の問題に対して特性要因図や連関図を活用した「なぜなぜ問答」を行うことで発生原因を追究する方法が採用される．しかし，同社では，関係者のもつ日ごろの想いを言語データとして形式知化し，全員が共有することで，問題の核心をつかむことができるため，親和図法を活用したアプローチを採用することとした．

まず，現地の経営トップに対して，「現地製造現場における改善活動を通じた人材育成上の問題は何か」というテーマでアンケート調査を行った．そして，現場における「△△△において，○○○ができていない」という否定文で語られる採取された多数の悪さ加減の言語データを「△△△において，□□□ができている」として，肯定文に置き直すことで，親和図を作成した（図2.6参照）．

図2.6の親和図によれば，
① 現地における特殊性を考慮した品質保証体制が構築され，機能している．
② 経営者が品質中心の経営方針を明確にし，全部門・全階層まで確実に展開・推進できている．
③ 経営者がQMSを先頭に立って推進している．
④ 変化点管理ボードなどによる日常管理が定着している．
⑤ 本社マザー工場における学習内容が伝承されている．

の5項目の実現こそが，中国の現地製造現場において実現すべきあるべき姿であると認識できる．

2.4 知の創出

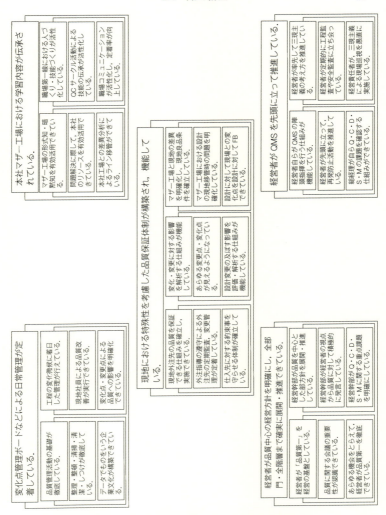

図 2.6 現地製造現場における改善活動を通じた人材育成のあるべき姿は何か

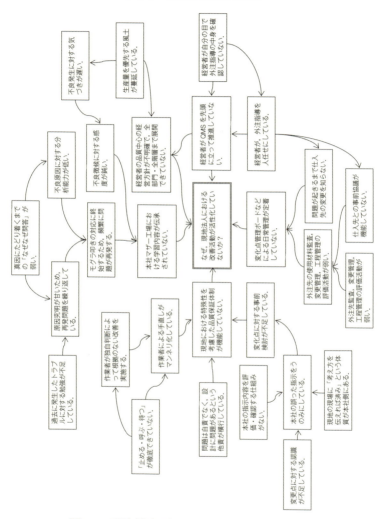

図 2.7 現地製造現場における改善活動を通じた人材育成ができていない原因

なお，採取された悪さ加減の言語データを用いて，中国現地製造部門の問題点をあぶり出すためには，要因追究型の連関図を活用するアイデアもあり，実施すると，図 2.7 を得た．

その結果，中国の製造現場において改善活動を通じた人材育成が活性化できていない原因は，

① 真因にたどり着くまでの「なぜなぜ問答」が弱い
② 「止める・呼ぶ・待つ」が徹底できていない
③ 本社の指示内容を評価・確認する仕組みがない
④ 経営者が，外注指導を人任せにしている

の 4 項目であることが明らかになっている．

言語データを活用したあるべき姿の追求と問題点の抽出の結果が一致しないのは，右脳と左脳による発想と論理思考の違いであって，この違いのあることもおもしろいところである．

2.5 親和図法による発想の本質

事例 2.5 オリジナルデータは同じでも，結論は違う

図 2.8（55～57 ページ）と図 2.9（58～60 ページ）は，日本科学技術連盟が主催する N7 研究会のメンバーが，「これからの品質保証（QA）はどうあるべきか」をテーマとして作成したものである．そこでは，まずメンバー全員で，テーマに関する勉強会で言語データを作成し，2 グループに分かれて親和図を作成した．親和図を作成する過程で，オリジナルの言語データに対する若干の文言修正を行っているが，親和図の作成過程における言語データどうしの親和

性に対する認識の違い,作成した親和カードの表現の違いなどによって,最終的にできあがった親和図が大きく違っている.

　実は,親和図法の魅力はこの点にあるといえる.それは,参加メンバーの問題に対する認識の違い,これまでの社歴や職種の違いに起因する知識や経験の違い,左脳派と右脳派の考え方の違いなど,さまざまな違いによってできあがる親和図は異なるということである.私たち日本人は,長い義務教育課程の中で「同じインプットからは同じアウトプットが出なければならない」という教育を受けてきたため,このような状態を受け入れにくい面がある.そのことが,日本人の発想・創造に対する障害となってきたという指摘もあるが,親和図法の適用を通じて,そうした右脳的思考力を育成することもできる.

2.5 親和図法による発想の本質

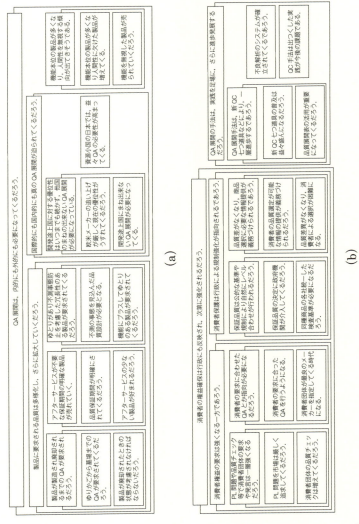

図 2.8 「これからの QA はどうあるべきか」に対する親和図(その 1)[27]

図 2.8 （つづき）

2.5 親和図法による発想の本質

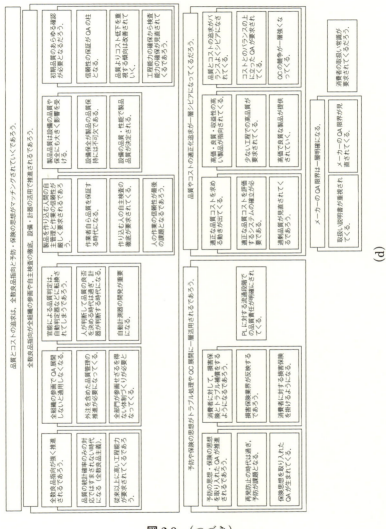

図 2.8 （つづき）

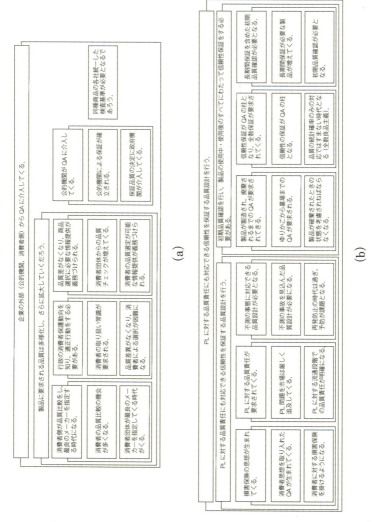

図 2.9 「これからの QA はどうあるべきか」に対する親和図（その 2）[27]

2.5 親和図法による発想の本質

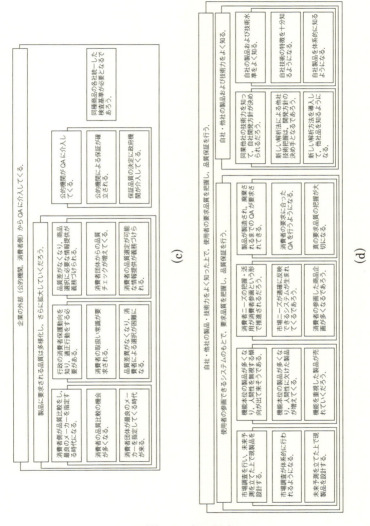

図 2.9 (つづき)

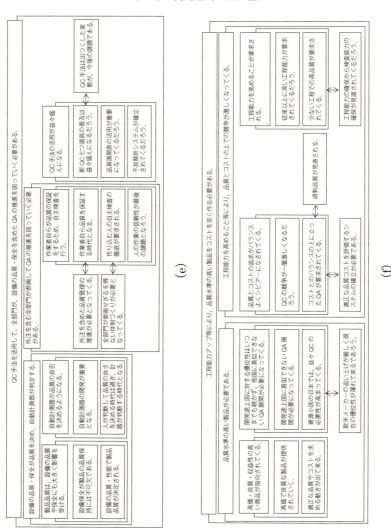

図 2.9 （つづき）

第3章 重要問題の設定

3.1 連関図法とは

　連関図法は，既存の仕組みを運営する際の問題によって発生している混沌を解明することを狙った問題解決のための手法である．混沌とした状態の中で採取した線形，あるいは非線形な情報に基づいて，解決，あるいは達成すべき問題——あるべき姿やありたい姿——が設定されたとしても，既存の仕組みに潜在する重要要因——阻害要因——を明らかにしなければ，バックキャスティングな問題の解決は望めない．そのときに重要な働きをするのが「なぜなぜ問答」である．

　連関図法は，QC七つ道具の一つである特性要因図と同様に，製造現場の問題解決を通じて，千住と伏見[21]や千住と水野[22]による「管理指標間の連関分析」における事例（図3.1参照）を起点として，開発された手法である．

　連関図法について，「管理者・スタッフの新QC七つ道具」[27]では，「連関図法とは，原因—結果，目的—手段などの関係が複雑に絡み合っている問題について，

　① これに関係すると考えられるすべての要因を抽出し，
　② 自由な言葉で，しかも簡明に要因を表現し，

③ それらの因果関係を矢印で論理的に関連づけ（連関図）

④ 全貌をとらえ，

⑤ さらに重点項目を絞り込むことによって，

問題解決を図る手法である」と説明している．その意味で，連関図法は，非常に柔軟性をもった手法で，使用対象とする広い範疇をカバーしている．

ところで「なぜなぜ問答」という言葉とは裏腹に，やるべきことはある程度わかっているが，何を，どの順序で，だれが責任をもってやるべきかを共有する，あるいは，問題を再認識するために連関図を活用する場合がある．製造現場の第一線における品質問題のような場合，メンバーの声が出尽くした段階で，問題解決の大部分は解決していて，だれが，いつ実行するかという責任区分の明確化に対するコンセンサスづくりのために連関図法が活用されることがある．この用途で連関図法を活用することがあってもよいが，「やるべきことが多すぎて，どこから手をつけたらよいかわからない．原因が輻輳していて，何が根本原因になっているのかわからない」というような状況で，原因―結果，目的―手段を論理的に紐解きたい

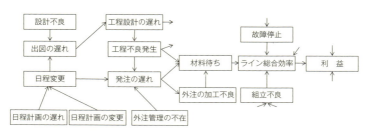

図 3.1 管理指標間の連関分析のイメージ図[1)]

場面でこそ,連関図法の威力が発揮される[1].

その意味で,ある問題に対して連関図を作成した直後に重要要因を特定するというよりも,作成した連関図を一度机の中にしまい込んでおき,自分一人,あるいは,メンバーに空き時間のできたとき,作成した連関図を机から取り出して再考するというプロセスを数回繰り返す必要のある問題に対してこそ,威力を発揮する手法である.

3.2 なぜ,TQM活動がうまく機能しないか?

事例2.3(47ページ)において,ある会社の中断していた指導会において取り上げるべき重点問題を親和図法で検討した経緯を説明した.しかし,そうした指導会を再開するに当たって,これまでのTQM活動がうまく機能してこなかった要因,すなわち,阻害要因を明らかにしておくことも大切なことである.そのため,連関図法を用いてTQM推進事務局との検討会を数度にわたって開催して,重要要因を明らかにすることとした(図3.2,64ページ参照).

「なぜなぜ問答」を展開するという意味であれば,重要要因は末端項目に現れることになるが,このときに気づいた重要要因は,

① 方針展開力不足によって,方針書における方針に対する目標値 T_2 と上位方針における方策 P_1 の到達目標 T_1 との関連性の不明確なこと,および,方針における方策 P_2 の到達目標 T_2 の不明確さ

② 過年度までのTQM活動に対するトップ診断を含めた問題

第3章 重要問題の設定

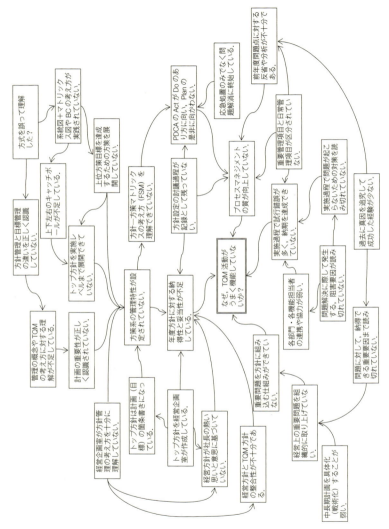

図 3.2 「なぜ，TQM 活動が機能していないか？」の連関図

点の分析が不十分なことによる課題抽出力の不足
③ 重点解決問題に対する施策の詳細展開の甘さによる実行過程における不測事態の頻発

ということであった．これらのうち，②の問題点については，部門別の問題点抽出に終始し，部門横断的，あるいは全社的な視点での問題点抽出の弱さを指摘したものであって，今後の指導会で重点とすべき内容であるといえる．また，③の問題点は，問題解決のための手段に対する人，もの，金，時間および組織連携を含めた経営リソースの配分が不明確になっているという問題点を指摘したものである．これも，再開される指導会で PDPC 活用を含めて重点的にフォローすべき内容であるといえる．そして，①の問題点は，「在庫回転率の向上による製造原価 30％低減」という上位方針に対して，「生産リードタイムの短縮による製造原価 30％の低減」という方針書が作成されてきたことに対する反省からくるものである．形式的には，「在庫回転率の○○％向上による製造原価 30％低減」と「生産リードタイムの△△％短縮による在庫回転率の□□％向上」という方針書作成に変更することを求めるものであって，「生産リードタイムと在庫回転率の目標値を含めた因果関係の確立」という難しい問題を指摘したものである．

この連関図による要因分析を通じて得られた結論は，「さあ，明日から対策を立案しよう」というほどに噛み砕いた内容ではなく，さらなる検討を必要とするものであることがわかる．管理者・スタッフが連関図を適用し，効果を発揮するのは，この類の問題であって，要因を列挙した結果，だれが，いつから，何を担当するか

が決まるような問題ではない．

事例 3.1　なぜ，品質問題は再発するか？

事例 2.3 における指導会がスタートして 1 年間が過ぎたとき，トップ診断会を通じて同社の品質問題の再発が取り上げられ，その重要要因分析を行う必要に迫られることになった．そこで，設計部門を中心としたグループと製造部門を中心としたグループによって，「なぜ，品質問題が再発するか？」という共通テーマに対する連関図を活用した要因分析を行うことにした．

設計グループによる連関図（図 3.3-1）では「開発初期段階で発生する変更点を予測できていない」「FMEA が不良モードから入っていて故障モードベースになっていない」「ワイブル解析などによる市場情報解析力の低下」「P-FTA の考え方がトラブル原因の究明に反映されていない」「マハラノビスの考え方を導入していない」という 5 項目の重要要因を指摘している．一方，製造グループによる連関図（図 3.3-2, 68 ページ）では「なぜなぜ問答における"Is"と"Is not"の関係が不明確である」「結果と原因の因果関係を定量的に把握していない」「問題の発生箇所と離れたところで問題解決を行っている」「（工程設計において）製品規格と工程規格の関係を十分に反映していない」という 4 項目の重要要因を指摘している．

設計段階における FTA から特定，あるいは想定される故障モードの製品や上位システムの品質，安全，原価などに及ぼす影響分析の弱さがあったり，製品やシステムの使用状況を反映した製品評価

3.2 なぜ，TQM 活動がうまく機能しないか？

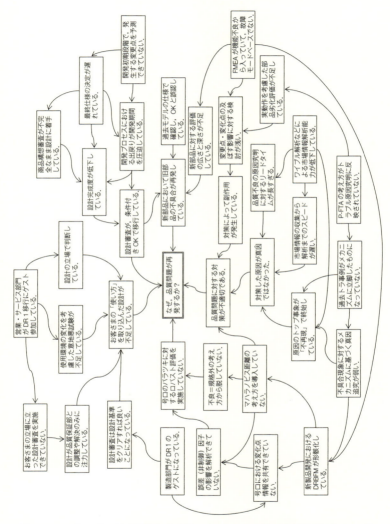

図 3.3-1 「なぜ，品質問題が再発するか？」の連関図(設計グループ)

第3章 重要問題の設定

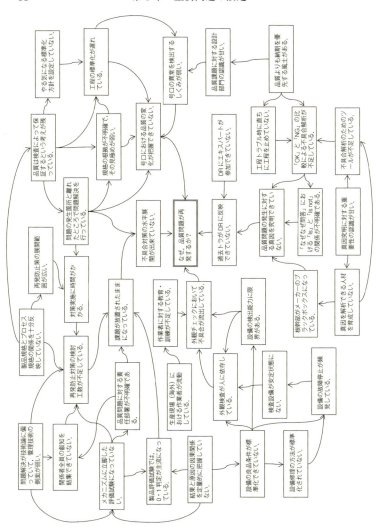

図 3.3-2 「なぜ,品質問題が再発するか?」の連関図(製造グループ)

試験のあり方に弱さがあったりするようでは,品質問題の再発を防止することは叶いそうもない.連関図で指摘していることは,この点に対する自己反省を述べていると思われる.また,製品設計段階で,さまざまな変更点が発生し,結果として開発リードタイムを圧迫することで,重要事項に対する検討不足が繰り返されるというのでは,品質問題の再発を防止することはできない.連関図では,この点も指摘している.一方,製造段階における連関図では,発生問題に対する原因究明の弱さと工程設計段階における結果と原因の因果関係の弱さを指摘している.

設計グループによる連関図と製造グループによる連関図で,彼らが指摘していることは,今日わかったとしても明日から対策を実施できるほど単純なものではない.それぞれの重要要因に対して,それぞれをテーマとした連関図を作成したうえで,より根本的な原因を明らかにしなければならないものである.

事例 3.2 なぜ,経理業務の処理能力が向上しないか?

ある会社の指導会において,人材開発本部内の経理部門における管理職が経理業務の処理能力問題を取り上げたことがあった.指導会であるから,「現状把握→目標設定→要因分析→…」という QC ストーリーに即した発表がなされた.しかし,指導会の場における説明を聞いているだけでは,何が本質的な問題であるのかわからない.そのため,「次回までに連関図を作成して,何が解決しなければならない本質的な問題であるかを明らかにしてほしい」と依頼したところ,次に示す連関図(原本)が発表された(図 3.4 参照).

第3章 重要問題の設定

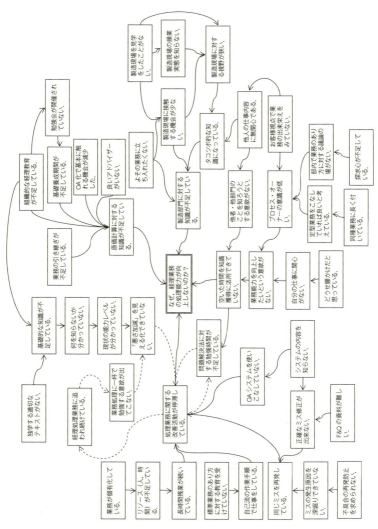

図 3.4 「なぜ，経理業務の処理能力が向上しないのか？」の連関図

この連関図を見ると，まず，点線で示すように，「勉強時間が取れない→業務の仕方が改善されない→忙しい→勉強時間が取れない」というループのあることに気づく．しかも，その根っ子が「悪さ加減を見える化できていない」ということであると気づく．さらに，「お客様視点で業務のできばえを見ていない」「標準業務のあり方に対する教育」「組織的な経理教育の不足」という3点が問題であるらしいとわかる．これらは，結局のところ，「業務の標準化と継続的な改善がなされていない，あるいは，不足している」ということになり，大野[6]の指摘するJIT活動や佐々木[14]の提案する自工程完結活動に対する取組み不足の問題を指摘したことになる．この点を指導会で指摘したところ，同管理職をはじめとする関係者の賛同が得られ，経理部門の特定業務を事例として，その業務プロセスに対する最短と最長日程になったアロー・ダイヤグラムを作成，比較することで，業務プロセスにおけるムダ・ムラ・ムリへの気づきと発生要因分析を経て，部門業務のスリム化を実現した．

事例3.3　QCサークルの活性化に対する阻害要因

TQM活動を推進している会社において，数多く取り上げられるテーマに「QCサークル活動の活性化」という問題がある．筆者が，初めてこの問題に遭遇したのは，いまから20年以上前にQCサークル近畿支部近畿南地区（現 大阪・近畿南地区）の副世話人を拝命したとき，また，ある会社のQCサークル活動の活性化問題やこの問題をテーマとした実務スタッフによる実践指導会のお手伝いをしたときに遡る．現場第一線で働く人々の労働価値観や人生観

の変化によって,この問題は常に新しい問題の一つでもある.また,今日では,製造現場で育まれたQCサークル活動が,医療・福祉や本社の人事・経理・総務・企画に代表される管理部門というJHS部門に拡大される中で,違う視点から注目されつつある問題でもある.

(1) なぜ,QCサークル活動が活性化しないか

この問題について深く検討を加えることもなく時を過ごしていたころ,『QCサークル』誌の編集委員会から近畿編集小委員会に,「QCサークル活動の活性化の秘訣」に関する特集記事を作成するよう依頼があった.第1回の同小委員会でメンバーと連関図を活用しながら長時間に及ぶ「なぜなぜ問答」を重ね,次回の会合までに同小委員会委員長として,修正版を提出する宿題を受けて,図3.5の連関図の原案を作成した.

結論を述べると,
① 要因解析の深さを評価されて表彰されるサークルがない.
② 年度表彰されるかどうかは,活動成果の大きさで決まっている.
③ 活動の最終目標をゼロに設定していない.
④ 相互信頼性構築が「絵に描いた餅」になっている.
⑤ 日ごろから問題(トラブル)に対する原因追究を行っていない.
⑥ サークル推進事務局がQCストーリーにこだわっている.
という六つの問題があることを指摘している.

3.2 なぜ，TQM 活動がうまく機能しないか？

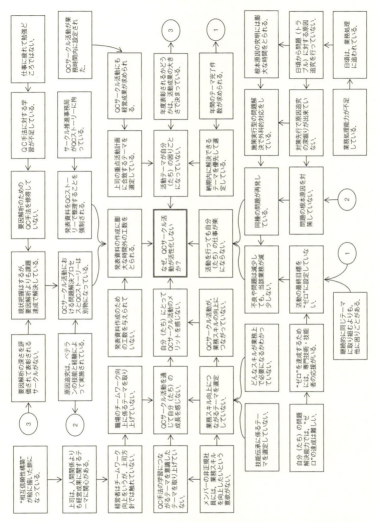

図 3.5 「なぜ，QC サークル活動は活性化しないか？」の連関図

これらの問題は，ある企業にのみ存在する問題ではなく，多くの企業に内在している問題であると思われる．特に，①〜③は相互に関係するものであって，④や⑥にも関係する問題である．QCサークル推進事務局は，QCストーリーに沿った活動プロセスが人材育成の観点からも大切であるといい，ゼロへのこだわりによってこそ業務プロセスのムダ・ムラ・ムリが削減され，仕事が楽に，楽しくできるようになると推奨している．しかし，職場や部門，あるいは全社QCサークル発表会を実施すると，成果の大きさで金賞，銀賞，銅賞が決まっているように思えてならない．確かに成果のあることは大切であるが，その活動プロセスを通じた人材育成や職場活性化のほうは評価されているように見えない．

　一方，⑤の問題は深刻である．単に，職場第一線におけるやる気の問題であれば，改善策もあるであろう．しかし，職場第一線では与えられた標準に従って作業を行っているが，問題やトラブルはゼロでないという現実がある．その一つの原因は，作業者に与えられた標準にあると考えられる．また，標準は与えられたものであって，自分たちで作成したものではないという作業者意識に原因があるとも考えられる．さらに，標準に問題があることに気づいたとしても，その標準の制定・改訂するために要する工数（時間）の長いことに原因があるとも考えられる．

　いずれにしても，QCサークル活動が活性化しないことに対する要因らしきものは見えてきた．ここから先は，それぞれの会社における実態を踏まえた議論が必要であり，各社によって異なる根本原因にたどり着くことになるであろうと推察される．

(2) なぜ，JHS 部門の QC サークル活動の活性化は難しいか？

この問題も『QC サークル』誌の特集を編集する中で，近畿編集小委員会を舞台として作成されたものである（図3.6参照）．

QC サークル活動が製造部門から JHS 部門へと拡大していく中で，製造部門とは異なる理由によって QC サークル活動の活性化が議論されると期待しつつ，同小委員会での議論はスタートした．しかし，そこで展開された議論を連関図的に整理してみると，一次要因こそは製造部門と違っているものの，重要要因として取り上げられた内容は酷似している．すなわち，

① 思考プロセスは各人の暗黙知（KKD）が支配している．
② 業務の詳細プロセスが明文化されていない．
③ 業務の多能工化が遅れている．
④ ばらつきを定量的に把握することが難しい．
⑤ 発表資料の作成に多くの工数がかかる．
⑥ 上司がマネジメントにおける QC サークル活動の意義を理解していない．

という 6 項目が取り上げられた．

ここで，①〜③は明らかに関係のあることに起因していると考えられる．それを単純化すれば，②→①→③の関係で整理できて，事例 3.2（69 ページ）で指摘した自工程完結にかかわる問題かもしれない．

また，⑤における工数の問題は，⑥における上司の支援なくしては解決できない問題である．毎回の QC サークル会合において，メンバーと和やかに話合いを行い，職場の身の回りの問題点を討論し

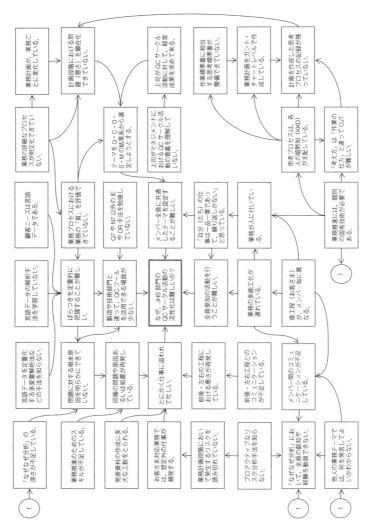

図 3.6 「なぜ,JHS 部門の QC サークル活動の活性化は難しいか?」の連関図

3.2 なぜ，TQM活動がうまく機能しないか？

て，解決することは楽しいことである．しかし，その議事録を作成したり，発表会資料を作成したりする時間のことを考えると憂鬱になるというサークルが多いのも事実である．サークル上司の絶対的な支援がなくては，解決できない問題である．

一方，製造現場であれば，作業標準が整備され，個々の作業に対する作業時間が秒単位で規定されている．また，作業のできばえを一定化するために，箸の上げ下ろしまで，作業マニュアルが詳細に決定されている．したがって，④の話は製造現場に出てこない特殊問題と思われるかもしれない．しかし，佐々木[14]が指摘するように，JHS部門における業務の大半は標準化できるものである．

ところが，この④の問題には，連関図が語るように，違った側面もある．それは，製造現場と異なるJHS部門に固有の問題である言語データの処理にかかわる問題であって，言語データからばらつきを見つける方法に対する教育の問題である．最近でこそ，ビックデータ解析が注目されるようになってきたが，世の中にあるデータの8割は言語データであるといっても過言ではない．その言語データに含まれるばらつきを定量化する方法は，多変量データ解析法をはじめとして多数の方法が知られている．しかし，そうした方法論に対する教育は，着手されはじめたところである．

以上，「QCサークル活動の活性化」と「JHS部門におけるQCサークル活動の活性化」という二つの事例を紹介した．結果として，QCサークルの活性化が実現できていない重要要因には，酷似した内容のものがあるということに気づくのではなかろうか．事

実,『QCサークル』誌の近畿編集小委員会として編纂した内容も,取り上げた事例こそ異なっていたが,語ろうとした内容は同じようなことであった.

第4章 問題解決手段の発想と最適手段の選定

　外部探検や内部探索を通じて採取された情報は，現状で予測される状態が継続する線形情報と現状で予測される状態の継続が保証されない非線形情報に分類されると述べた（1.3節参照）．これらの情報に基づく親和図の作成を通じて"あるべき姿"や"ありたい姿"が明確となり，それを実現するうえでの現行の仕組みに内在する問題点が明らかになると，その問題点を克服する手段を発想することになる．N7では，その魅力ある手段の発想を支援する手法として，手段展開型系統図法と手段展開型連関図法を提供している．

4.1　系統図法とは

　「管理者・スタッフの新QC七つ道具」[27]では，「系統図法とは，目的・目標を達成するために必要な手段・方策に対する<u>系統図を作成する</u>ことによって，問題（事象）の全貌に一覧性を与え，問題の重点を明確にしたり，目的・目標を達成したりするための最適手段・方策を追求していく手法である．その系統図法で用いる系統図には，対象を構成している要素を目的—手段の関係に展開する構成要素展開型と，問題を解決したり，目的・目標を達成したりするための手段・方策に展開していく手段展開型の2種類がある．」と説

明している(注 下線は筆者による).なお,構成要素展開型は,問題―要因の関係で用いられる場合,要因追究型と呼ばれることもある.

当時,筆者の隣の研究室におられた納谷嘉信先生によれば,「系統図法が誕生した経緯は,二見良治氏の1971年1月の部会におけるVEの紹介と,VEにおける機能系統図のもつデザインアプローチへの関心に始まる」といわれる[1].その後,VEにおける機能系統図がデザインアプローチ的な問題解決手法として普及する中で,上記の下線部で強調した"系統的展開による手段の欠落防止機能―論理学でいう必要十分性"が希薄になり,(あまりうるさいことをいうと,系統図法の普及を阻害してしまう危険性もあるが)単なる発想展開としての活用事例が多くなってきている.

事例 4.1 品質問題の再発防止

事例3.1において,「なぜ,品質問題が再発するか?」という問題に対する設計部門と製造部門における連関図を活用した「なぜなぜ問答」の事例を紹介した.そして,設計部門が考える重要要因と製造部門の考える重要要因が,設計に伴うFTAやFMEAにおける故障モードの有効活用不足,工程不具合(トラブル)に対する定量的な因果関係の追求不足にあるということを明らかにした.

このように,重要要因が抽出されると,それらの要因を仮説として,その仮説検証を行うプロセスが重要であり,過去の事例において,そのような仮説が本当に不具合要因であったかどうかをデータで検証することが必要である.同事例においても,過年度の事例を

ベースとして，その仮説検証を実施したが，ここでは割愛する．

仮説が検証されると，それらの重要要因が表す「～ができていない」という類の要因系の言語データを「～を実現する」という類の対策系の言語データに置き換え，それを一次手段とする．そして，それらの一次手段に対する二次手段，三次手段を逐次展開することで，手段展開型系統図を作成することができる．

(1) 設計部門における問題解決手段

図 4.1-1 は，設計部門のグループメンバーが作成した品質問題を再発させないための手段展開型系統図である．

この系統図を作成することによって，三次手段として 16 項目の末端手段を発想できている．しかも，それぞれの手段に対する「効果」「実現性」「経済性」「緊急性」をそれぞれ「1，3，5」の 3 段階で評価することによって，

① 「製品品質の専門家の参加を義務づける」ことによって，DR で課題抽出を徹底する．
② 「社内活用ツールの活用規則を規定化する」こと，「資格認定基準を整備する」ことによって，各担当者の製品品質に対する意識を向上する．
③ 「DR における移行条件を再検討する」ことによって，開発プロセスを遵守する．
④ 「定期的な強制改訂規則を制定する」と「過去トラの規定化規則を再整備する」ことによって，製品評価項目を充実する．

具体的対策	効果	実現性	経済性	緊急性	総合評価
DRにおける移行案件を再検討する。	3	5	5	5	375
設計者以外の第三者が判定する。	5	3	5	3	225
設計者以外の第三者が判定する。	5	3	5	3	225
あいまいな判定基準を見直す。	5	3	5	3	225
参加を必須とする審査員を規定する。	5	3	3	5	225
審査員を育成する。	3	3	3	5	135
製品品質の専門家の参加を義務付ける。	5	5	5	5	625
相互審査の仕組みを強化する。	5	1	3	5	75
活用規則を規定する。	5	5	5	5	625
設計者のツール活用能力を強化する。	3	5	5	5	375
資格認定基準を整備する。	5	5	5	5	625
製品安全教育を充実させる。	5	3	5	3	225
VOCの解析力を強化する。	3	3	3	3	81
想定外使用のフェールセーフを実施する。	5	1	1	5	25
定期的な強制改訂規則を制定する。	5	5	5	3	375
過去トラブルの規定化規則を再整備する。	3	5	5	5	375

（評価）

手段一次：移行案件を明確にする。／チェック機構を強化する。／DR参加者を強化する。／FMEA・FTAを充実させる。／製品品質のための社内ツールを活用する。／承認者に対する資格認定制度を導入する。／製品の市場における使われ方を把握する。／評価項目を継続的に改訂する。

手段二次：開発プロセスを遵守する。／DRで課題抽出を徹底する。／各担当者の製品品質に対する意識を向上する。／製品評価項目を充実する。

目的：品質問題を再発させないためには

図 4.1-1　設計部門による品質問題再発防止のための手段展開型系統図

という重要施策を着想している．

　同図の系統図を見ると，設計グループメンバーが重要な問題解決手段として発想したものの中には，「実現性」の評価によって不採用となっているが，

　　⑤　「相互審査の仕組みを強化する」ことによって，FTA・FMEA を充実させ，DR における課題抽出を徹底する．
　　⑥　「想定外使用のフェールセーフを実施する」ことによって，製品の市場における使われ方を把握し，製品評価項目を充実する．

という手段の含まれていることに気づく．すなわち，設計部門としては，①～④に取り上げた施策を実施することによって，品質問題の再発防止を図ることが当面の重要課題であるが，中・長期的には，⑤と⑥で取り上げた施策の実施を検討しなければならないことに対する気づきを得ている．

(2) 製造部門における問題解決手段展開型系統図

　図 4.1-2 は，同じテーマに対して製造部門のグループメンバーが作成した手段展開型系統図である．

　ここでも，この系統図を作成することによって，三次手段として 16 項目の末端手段を発想できている．また，それぞれの手段に対する「効果」「実現性」「経済性」「緊急性」をそれぞれ「1，3，5」の 3 段階で評価することで，

　　①　「再発防止委員会を設置する」ことによって，発生課題に対する真因を究明する．

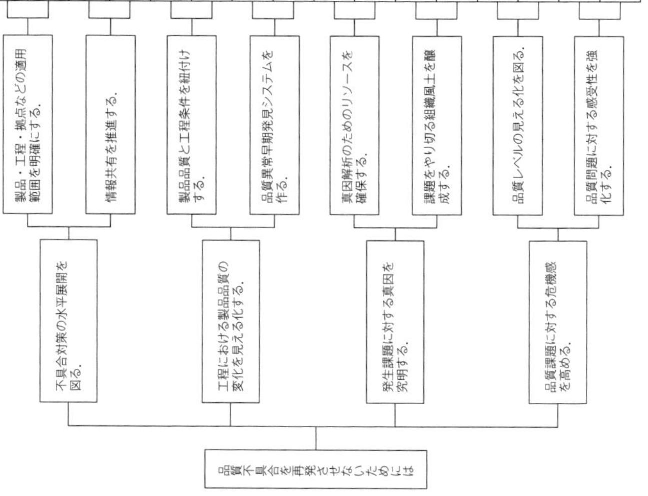

具体的対策	効果	実現性	経済性	緊急性	総合評価
運用範囲のガイドラインを作成する。	3	5	5	5	375
実施結果フォローアップの仕組みを作る。	3	5	5	3	225
情報伝達のためのITシステムを作る。	5	1	1	3	15
水平展開推進委員会を作る。	3	5	5	3	225
QC工程表における不良条件表を再整備する。	5	3	5	5	375
DRでのFMEAとFTAのあり方を見直す。	5	3	5	5	375
品質情報を通信モニタリングする。	5	3	3	3	135
品質異常判定基準を明確にする。	5	3	5	3	225
解析ツールを導入する。	3	1	1	5	15
解析専門人材（プロフェッショナル）を育成する。	3	1	3	5	45
再発防止委員会を設置する。	5	5	5	5	625
専任プロジェクトを設置する。	3	3	3	3	81
工場理論原価を導入する。	3	3	5	5	225
市場顧客評価審査（DR）を実施する。	3	5	5	3	225
品質会議における議論を活性化する。	3	5	5	5	375
経営層が継続して危機感を発信する。	5	5	5	5	625

図 4.1-2 製造部門による品質問題再発防止のための手段展開型系統図

② 「経営層が継続して危機感を強化する」ことによって，品質意識に対する危機感を高める．
③ 「適用範囲のガイドラインを作成する」ことによって，不具合対策の水平展開を図る．
④ 「QC工程表における良品条件表を再整備する」こと，「DRでのFMEAとFTAのあり方を見直す」ことによって，工程における製品品質の変化を見える化する．

という重要施策を着想している．

また，同図の系統図においても，「実現性」の評価によって不採用となっているが，

⑤ 「情報伝達のためのITシステムを作る」ことによって，情報共有を促進し，不具合対策の水平展開を図る．
⑥ 「解析ツールを導入する」と「解析専門人材を育成する」ことによって，真因解析のためのリソースを確保し，発生原因に対する真因を究明する．

という手段の含まれていることに気づく．すなわち，製造部門としても，①〜④に取り上げた施策を実施することによって，品質問題の再発防止を図ることが当面の重要課題であるが，中・長期的には，⑤と⑥で取り上げた施策の実施を検討しなければならないことに対する気づきを得ている．

このように，系統図を活用することで，問題解決のために短期や中期で実施しなければならないことと，長期の視点から実施しなければならいことの優先順位を明らかにすることができる．

QCサークル活動のような職場第一線における改善活動において

は，彼らの与えられた経営リソース（多くの場合には，必要な技術と対策実施期間）を考慮して，彼らの責任と権限の範囲内で実施可能なものを選択することになると考えられる．したがって，そうした改善活動，すなわち，問題解決活動における系統図の果たす役割は，問題解決のために実施できる手段を発想，あるいは列挙し，だれが，いつまでに，何を実施するかを決定することにある．

　管理者・スタッフの場合にも，系統図の活用にそうした機能が期待されるが，彼らには中・長期的な視点で実施しなければならない，すなわち，本当に検討しておかなければならないことに対する気づきを得ることでもある．

事例 4.2　TQM の実施による経営改革

　事例 2.3（47 ページ）において，中断していた指導会を再開するに際して，指導会に期待することを親和図で検討した話を紹介した．また，事例 3.1（66 ページ）において，連関図を活用することで，過年度の指導会における問題点を抽出する話を紹介した．筆者および TQM 推進事務局では「そうした指導会を実のあるものとするために何をしなければならないか」という視点から，TQM 実践のあり方について，系統図を活用して解決手段を発想した（図 4.2 参照）．

　図 4.2 を見ると，TQM の効果的，かつ，効率的な実践のためには，経営トップのリーダーシップ，方針管理による重点課題の設定とその解決，機能別管理システムの整備と改善，日常管理システムの整備と改善，教育の実施などが重要であることがわかる．しか

し，こうしたことがわかっただけでは話は進まない．この系統図では，例えば，方針管理における重点課題の設定とその解決を「実のあるもの」とするためには，

① 各事業部長による中期新製品開発経営計画及び／又は業務革新計画と年度方針の作成（P）
② 部長による中期新製品開発経営計画及び／又は業務革新計画と年度方針を達成するための重要課題の設定と役割分担の明確化（P・D）

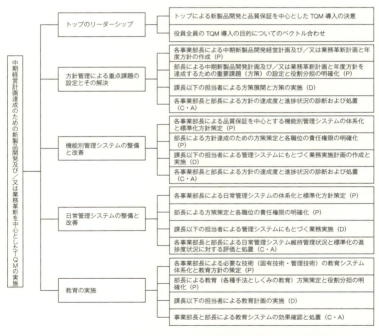

図4.2 「TQM実践のあり方」に対する手段展開型系統図

③ 課長以下の担当者による方策展開と実施（D）
④ 各事業部長と部長による方針の達成度と進捗状況の診断および処置（C・A）

という PDCA サイクルの視点から見た重要機能の達成が期待されることを明らかにしている．同社では，こうした気づきに基づいて，それぞれの部門における方針管理の実施度を自己評価したり，第三者評価したりするための仕組みとマニュアルを整備することで，従来の TQM 活動から飛躍した次世代の TQM 活動を推進しているが，紙幅の関係で詳細について述べることはできない．

事例 4.3　連関図活用による手段発想

連関図法の起源は，千住と伏見[21]，千住と水野[22] による「管理指標間の連関分析」にあると紹介した．また，第 3 章では，問題—原因の論理的な構造関係に着目した事例を中心に紹介した．しかし，第 3 章で触れたように，連関図法には，目的—手段の論理的な構造関係に着目して，目的・目標を達成する手段を展開する機能もある．実際，納谷[23] において登場する連関図では，要因追究型よりも手段展開型の事例のほうが多く，魅力的で論理的な発想を得る手法として連関図を重要視している．

(1) 国内工場の生き残り戦術

製造現場のグローバル化が加速している現状を受けて，ある会社の製造課長を中心とするメンバーが国内工場の生き残りをかけ，いままさに取組むべき重要課題を明らかにするため，目的→手段の考

え方による連関図を活用した議論を行った（図 4.3, 90 ページ参照）.

図 4.3 には，解決を迫られている国内工場の現状を親和図の要領で示している．すなわち，「製造原価の低減を実現する」「外注品の納期・量の安定確保を実現する」「クレーム再発防止を迅速化する」「流出不良発生を低減する」という 4 課題のあることを認識している．そして，それらを解決するための手段を，目的→手段の関係を利用して，連関図法によって手段発想を行っている．その結果として，

① 原価低減プロジェクトを設置する．
② 日常管理能力を向上する．
③ 標準類の整備を計画する．
④ QC 工程表と品質チェックシートを整備する．

という手段を発想している．②～④は連関図に示しように，相互に関連し合っているため，実質的には，①と②～④の手段を実施することを提案したものであるが，現場における標準のあり方を再徹底し，その継続的な改善活動を展開することが指摘されている．

(2) 修理サービス業務における CS 向上

ある会社の国内営業本部では，自社商品の拡販にとって重要な顧客満足（CS）の向上につながるフィールド修理サービス業務のあり方を連関図によって探索している（図 4.4, 91 ページ参照）.

顧客満足度を向上するために必要な一次手段として「接客力の高いサービスマンを配置する」「迅速に修理を完了する」「高品質の商品を提供する」という手段を発想し，それらに対する手段を逐次発

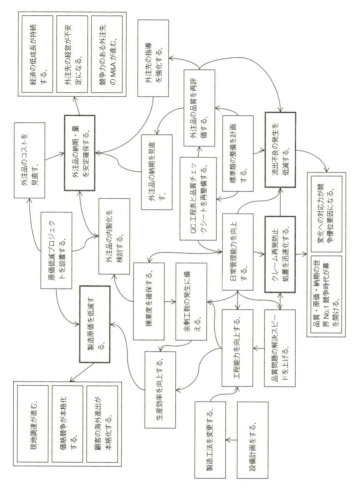

図 4.3 国内工場の生き残りを実現するには

4.1 系統図法とは

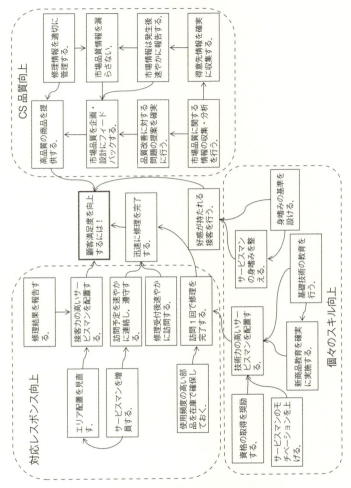

図 4.4　修理サービス業務における CS 向上

想することによって,「確実な修理の実施を実現するための対応レスポンス向上」「個々のスキルを向上するための新商品や基礎技術に対する教育の実施」「適品販売を実現するための顧客ニーズの確実な把握」という三つの重要手段の実施を提案している.

この2事例において発想された手段は,明日から実施できるというものではなく,これらを実施に移すためには,それらのテーマとしたさらに深い検討が必要となるに違いない.しかし,管理者・スタッフのテーマに対する解決手段を発想するためには,考えられる限りの情報を収集し,それらからスキャンニング的・非線形的な発想による大局的な,あるいは,鳥瞰図的な発想が必要となることが多い.

事例 4.4　QC サークル活動の活性化

「QC サークル活動の活性化」という話題については,第3章の事例 3.3(71 ページ)でも紹介したが,ある会社の本社 QC サークル推進事務局メンバーが大阪電気通信大学大学院情報工学研究科で開講している講座の聴講生として参加されたときに,筆者の研究室における大学院生の研究テーマとして共同で取り組まれた事例を紹介したい.

まず,この永遠の課題に対して「QC サークル活動のあるべき姿とは何か?」という課題認識を行うため,親和図を作成した(図 4.5 参照).

その結果として認識された課題は「職場における Q・C・D・S のレベルが向上している」「改善活動を通じた標準化が推進されて

4.1 系統図法とは

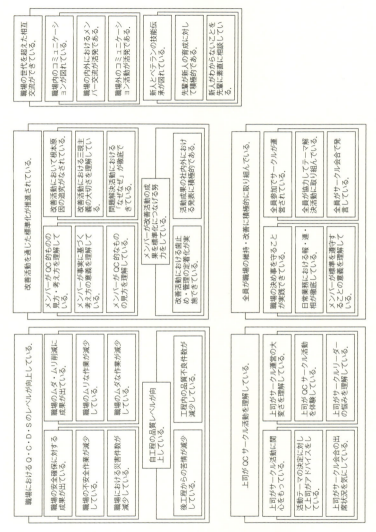

図 4.5 QC サークル活動のあるべき姿

いる」「職場の世代を超えた相互交流ができている」「上司がQCサークル活動を理解している」「全員が職場の維持・改善に積極的に取り組んでいる」というものであった．

　オリジナルデータが聴講生の所属する企業におけるQCサークル推進事務局および関係者からのヒヤリングによるものであって，現状と連続性のある言語データで非連続性のあるスキャニングデータを混合していなかったため，得られた結論には未来を洞察できるほどの目新しさはないが，研究を推進していくために全体像を把握するという意味で重要なステップであった．

　このように"あるべき姿"を認識できると，次に考えなければならないのは，QCサークル活動の"あるべき姿"と現実との間にギャップの発生している要因を明らかにすることである．これについて，大学院生と聴講生および同社の数名の社員は連関図法を用いた「なぜなぜ問答」を実施した（図4.6参照）．

　ここでは，親和図で得られた"あるべき姿"を「〜ができていない」という否定形の言語データに置き換え，それらを一次要因として「なぜなぜ問答」を継続した．その結果，「標準化によるうれしさを実感していない」「QCサークル活動のうれしさを教える教育が不足している」「問題解決における『なぜなぜ』が弱い」という三つの重要要因と思われる仮説を得た．そして，聴講生の所属企業におけるQCサークル関係者にアンケート調査を行うことで，これらの仮説が正しいものであるかどうかを確認した．

　QCサークル活動の活性化を阻害していると思われる重要要因を把握できたため，いよいよ系統図法による手段展開になる．

4.1 系統図法とは

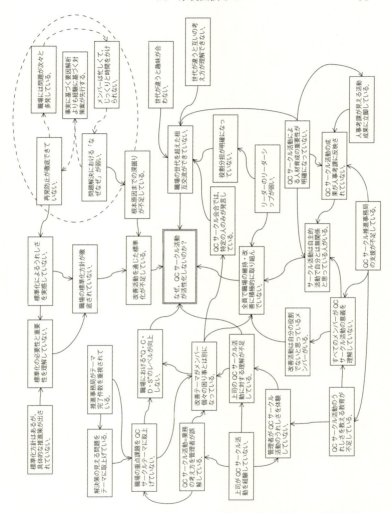

図 4.6 QC サークル活動の "あるべき姿" と現実のギャップ発生要因

図4.7の系統図を見ると「管理者教育にQCサークル活動を追加する」「サークルリーダーや管理者にヒヤリングする」「サークル改善活動による標準化件数を管理する」「チームリーダー（TL）や職長に対して標準化への取組みを年計に入れさせる」という4案を発想できている．しかし，ここでも，先の事例4.2（86ページ）で言及したように，問題解決を図るうえで，本質的であると考えられるが自分たちの裁量範囲を越える「役員会等で議論してもらう」と「標準化推進委員会を設置する」という重要課題のあることに気づいている．

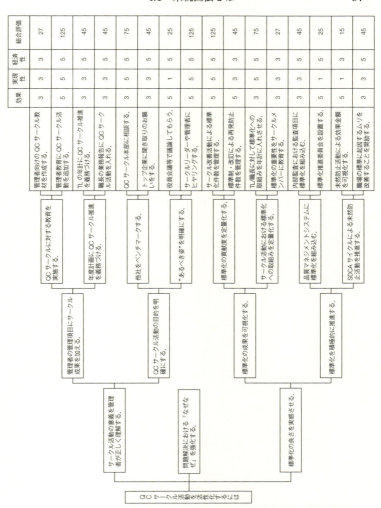

図 4.7 QC サークル活動を活性化するための手段展開系統図

第5章 多次元思考による抜け落ち防止

5.1 マトリックス図法とは

マトリックス図法とは，問題としている事象の中から対になる要素を見つけ出し，行と列に配置し，その交点に各要素の関連の有無や関連の度合を表示することによって，

① 2次元的な配置の中から問題の所在や問題の形態を探索する．

② 2次元的な関係の中から，問題解決の着想を得る．

など，この交点から『着想のポイント』を得て，問題解決を効果的に進めていく方法である．マトリックス図法では，用いるマトリックス図を，そのパターンにより，① L型マトリックス，② T型マトリックス，③ Y型マトリックス，④ X型マトリックス，⑤ C型マトリックス などに分類することがある．

納谷嘉信先生によれば，「マトリックス図法がN7の手法として誕生した経緯は，二見良治氏の話では，同氏が1972年2月の部会において，不良現象—原因，原因—製造工程の2枚の2元表を提供したとき，『双方の原因軸を共通にして3元表にすると問題解決のヒントが得られる．これをマトリックス思考法として，N7に組み込んでほしい』とコメントしたことに始まる」といわれる．

マトリックス図法とは，組織の強み（Strength）と弱み（Weakness），組織を取り巻く環境における機会（Opportunity）と脅威（Threat）の2軸を活用して，新規事業戦略策定を行うSWOT分析などに代表されるフレームワーク思考法の一つでもある．また，N7が開発された当時，すでに多くの実践事例が発表されていた品質機能展開における『品質表』とも密接に関係するものである[1]．

ところで，マトリックス図法を用いて問題解決のヒントを得るためには，検討範囲の網羅性が重要であって，参加メンバーの気づいた検討範囲の中でマトリックス図を作成することは危険である．この点について，浅田[1]では，「二見氏が『マトリックス図法によって得た着眼点をもとに考えていくと（中略）方策を漏れなく得ることができる』と述べている」と記述している．

ロジカルシンキングにおいて，MECE（Mutually Exclusive and Collectively Exhaustive：ダブりなく，漏れがなく）ということを重視し，そのための手法としてフレームワーク手法を推奨している．二見氏の"方策を漏れなく得ることができる"というには限界があるとしても，マトリックス図法が，このMECEを実現するために有効な問題解決手法の一つであることは疑いのないことである．

事例5.1　年度方針の策定

企業の年度方針を策定することは，経営企画部にとって最も重要な機能の一つである．

(1) 年度重点実施事項の抜け落ち防止

　図 5.1（102 ページ）は，国内営業統括本部長の重点実施事項と事業部門長方針および重点実施事項の関係，事業部門長の重点実施事項の中期計画，前年度反省事項，環境変化，外部ベンチマーク情報の対応関係を一覧化することで，それぞれの相互関係を把握するとともに，重点実施事項の抜け落ちを未然防止するための工夫である．

　このように，会社方針と中期計画，前年度反省，環境変化，ベンチマークなどと部門長方針のT型マトリックスを作成することで，部門長方針の抜け落ちを未然防止できるだけでなく，その意義を正しく理解することができる．

(2) 方針―方策展開マトリックス図

　年度方針の策定において，本部長の方針における目標系と方策系の目標値，それらを受けた各部門の方策と方策系の目標値の整合性をとることは，方針管理を効果的に推進するうえで重要なことである．しかし，すでに述べたように，これらの関係を視覚的に見える形で整理している会社は少ない．

　図 5.2（103 ページ）は，ある会社における方針―方策マトリックス図と呼ばれるものである．この考え方は，納谷[23],[24]が，積水化学株式会社尼崎工場における方針管理指導の中で提唱し，同工場が実践したことに始まるが，同社においてさえ，今日は姿を消したといわれる．いま一度，再検討されてよいアイデアである．

　マトリックス図法は，第 4 章の系統図における手段評価ツール

第5章 多次元思考による抜け落ち防止

全社方針	重点項目		部門	F長
国内営業統括本部長 新規拡大・抜本的構造改革	1. 行動変革：創造 行動 スピードによる新Biz・新顧客創造		○	
	2. 強みのエリア戦略：150%施策・行動見えるかによる「強み」創造		○	○
	3. 抜本的構造改革：生産性追求によるOutputの創造		○	
部門長指針 科学的に仕事を分析し、既存仕事を「楽に」やることにより、価値ある仕事を日々創造する		社内外情報ネットワークを構築し、必然的折計画立案による課題商品の拡販	○○○に基づく営業活動推進によるエリア戦略推進と計画達成を果たす	TQMの推進による、抜本的構造改革の継続（生産性追求）	F長の率先垂範による、エリア新規顧客の開拓
	中期計画	①エリア情報ネットワークの活用による、新規案件数を2倍にする（10 R比）	○		
		②A地域出先設計件数を設けることによる、売上拡大		○	
		③技術設計者を増やすことによる、○○の売上拡大（10 R 41→13 R 60億）		○	
	前年度反省	①基幹3業界以外のエリア新規開拓の為の絶対工数が不足であった	○		
		②既存顧客の格付けによる、新規開拓工数の確保		○	
		③日常管理項目の設定と見える化	○	○	
	環境変化	①基幹3業界以外のエリア新規開拓の為の絶対工数が不足であった	○		
		②既存顧客の格付けによる、新規開拓工数の確保	○	○	
		③日常管理項目の設定と見える化	○		
	ベンチマーク	①Q社のロケ紹介「量」に対して、「質」（売上）で勝つロケ先を開拓する	○		
		②○○会社の営業出先に人員配分することによる、工数配分を実施する		○	
		③顧客と顧客の顧客を分析することによる、有効面談率○○%以上の達成		○	○

図 5.1　年度方針策定のためのT型マトリックス図

5.1 マトリックス図法とは

		新生産管理システム構築による業務スピード改革	G会計システム構築による経営情報の見える化推進	新開発管理システム構築による技術管理の効率化	IT管理標準化によるITセキュリティ強化	量・納期管理見直しによる在庫回転率向上	機種別原価管理による目標体系の達成
本部長							
目標系管理項目		計画サイクル 1:1 W (weekly)→7:1 D (Daily)	経営情報の見える化 20項目→74項目	技術情報等管理効率化 Unavailable→20%	ITセキュリティレベル 2.7→3.5	在庫回転率 Unavailable→20%向上	製造原価率 Unavailable→10%向上
方策系管理項目		新生産管理システム構築 開発中→稼動	G会計システム構築 パイロット開発中→稼動	新開発管理システム構築 企画→システム稼動	ユーザー管理標準化 SDC→G-SDC	量・納期管理手法 見込→実需	原価管理手法 どんぶり→個別原価管理
システム企画部		ERP導入による 新生産管理システム構築 開発中→稼動		開発管理ポータルによる 新開発管理システム構築 新開発管理システム構築			
		ERP導入課題解決率 0%→100%		新開発管理システム構築 企画→システム稼動			
		システム構築期間による 新生産管理システム完了 YPS 欧州展開		導入計画達成率 0%→100%			
		YPS展開計画→システム完了 展開システム課題解決率 0%→100%					
システム管理部			クラウドコンピューティング 導入によるG会計システム構築		ITインフラ整備による IT運用グローバル標準化		
			G会計システム G会計システム システム導入課題解決率 Unavailable→100%		ユーザー管理統合 SDC→G-SDC		
			SDCへのシステム導入による G会計システム展開拠点拡大 G社→2社 (SMP・SDC)		ITインフラ改善指導 Unavailable→100%		
			設計タスク完了率 0%→100%				
生産管理部・原価企画部						在庫基準の標準化による 量・納期管理見直し	原価管理の標準化による 機種別原価管理の実行
						量・納期管理見直し 見込→実需	どんぶり→個別原価管理
						在庫基準の標準化 KKD→CP在庫理論展開	原価管理の標準化 Unavailable→原単位化

図5.2 方針―方策展開マトリックス図

として，QC界で広く活用される手法であるが，マネジメント手法の一つであるフレームワーク手法として，経営管理の領域で活用される手法でもある．この手法の活用ポイントは，「行項目や列項目に何を設定することで問題解決のヒントを発想できるか」という項目設定——フレームワークの設定——にある．

　SWOT分析では，機会と脅威をフレームワークとして設定することで，マネジメント上の重要実施事項を策定しようとするが，その目的のために取り上げるべきフレームワークは，機会と脅威のみに限定されないことは明らかである．

第6章 アロー・ダイヤグラム法

6.1 アロー・ダイヤグラム法とは

　ネットワーク理論をプロジェクトの計画の立案・管理に適用したPERTとCPMのネットワーク図を用いた方法を「アロー・ダイヤグラム法」と呼ぶ．このPERTは，すでに述べたように，米国国防省とNASAが宇宙開発計画における300を超える企業の参画したポラリス計画において，人，もの，金などの経営リソースを管理するために米ブーツ・アレン・ハミルトン社の発案を受けて開発したものであるため，巨大プロジェクトの推進計画策定と管理のためのマネジメント手法であった［1.3節(6)参照］．

　私たちは，親和図法を活用することで設定された"あるべき姿"に対して，連関図法の活用によって重点要因（阻害要因）が明確になり，系統図法とマトリックス図法の組合せ活用によって最適手段系列を選定できた．しかし，そうした最適手段系列を実施に移行するとなると，その詳細実施計画を策定する必要がある．そのとき，その実施計画には，自社内の関係各部門のみでなく，協力会社の参画が必要となり，多くの不確定要素が存在することとなる．

　QC手法開発部[27]は，新規の要素を含むプロジェクトの計画・管理を担当部門に委ね，その節目を押さえたガントチャート的な

マネジメントでは解決できない問題の解決を支援する手法として，N7に「アロー・ダイヤグラム法」を加えた．

したがって，アロー・ダイヤグラム法を最適手段系列の詳細実施計画策定に適用することで，以下のようなメリットが期待される．

① きめ細かい計画を立案できる．
② 計画の段階で案を練り直しやすいので，最適な計画を立案できる．
③ 実施段階に入ってからの状況の変化，計画の変更などに対処しやすい．
④ 一部の作業の遅れが全体の計画に及ぼす影響について正確な情報が迅速に得られるので，対応策が早く打てる．
⑤ 進捗管理の重点が明確になるので，効率よく管理できる．

6.2 アロー・ダイヤグラム法の基本

アロー・ダイヤグラムは，PERTにおけるイベント系列とダミー作業を結合点と呼ばれる○印間の矢線で表し，各イベントの所要日数から計算される各結合点の最早開始日程と最遅開始日程および余裕日数の組合せで構成される（図6.1参照）．ただし，担当部署名と余裕日数は割愛されることもある．

図6.1において，余裕日程がゼロになる作業の経路をクリティカル・パス（最重要経路）という．

6.2 アロー・ダイヤグラム法の基本

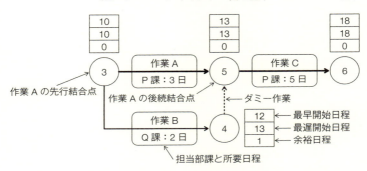

図 6.1 アロー・ダイヤグラムの基本形

事例 6.1 知財部におけるプロジェクト管理

アロー・ダイヤグラム法の適用される対象は、多くの関係者によって推進されるプロジェクトにあるが、企業の秘匿の壁から、そうした事例を取り上げることには限界がある。そのため、ここでは、アイシン・エィ・ダブリュ株式会社におけるプロジェクトの推進計画立案の管理において適用された事例を抽象化して、その一部を紹介することにする。

佐々木[14]がトヨタ自動車株式会社におけるプロジェクトの推進計画立案と管理のための方法として、調達部門の活動を取り上げて、自工程完結の考え方と方法論をわかりやすく解説した。この良書の出版が契機となって、多くの国内の企業において、研究開発プロジェクトや大型受注プロジェクトなどにおける JIT 的な活動を推進するために、自工程完結の考え方と方法が活用されている。

図 6.2-1 は、アイシン・エィ・ダブリュ株式会社技術本部内の知財部における特許案件の発生から申請までの部門内プロジェクトの

108 第6章 アロー・ダイヤグラム法

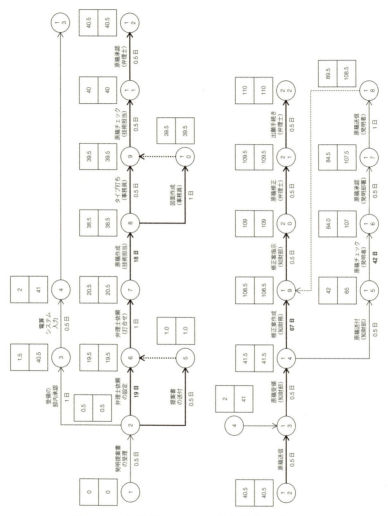

図 6.2-1 知財部における特許申請プロジェクト

アロー・ダイヤグラムを示したものである.

特許申請プロジェクトを適切に管理するためには,同図のように,すべての業務に対する先行業務と後続業務の関係を見える化することに始まる.ここでは,関係する 21 の業務に対して,その先行業務と後続業務を明らかにするとともに,各業務の所要日数を定量的に把握することで,全体工数が 110 日に及ぶことを明らかにしている.

このように,プロジェクトの全体工程と先行・後続関係および所要日数が明らかになると,社内におけるベストプラクティスとなる特許申請プロジェクトとの比較を通じて,同図で示される特許申請プロジェクトの問題点を明らかにすることができる.実際,同社におけるベストプラクティス的な特許申請プロジェクトとの比較分析を行うことで,同図のプロジェクトを,図 6.2-2(110 ページ)のように大幅に改善することに成功している.

事例 6.2 QC サークルによる日常業務改善

アロー・ダイヤグラム法の対象とするのはプロジェクトの計画策定と管理にあると述べたが,非定常業務を含む本社管理部門における業務改善に適用することもできる.

実際,図 6.3-1,図 6.3-2(111 ページ)は,サンデンホールディングス株式会社における営業部門の QC サークルが設備納入・設置後の入金処理業務改善をテーマとして活動したものを事例として,紹介するものである.

図 6.3-1 に従って粛々と業務が推進されることを期待するのであ

110 第6章 アロー・ダイヤグラム法

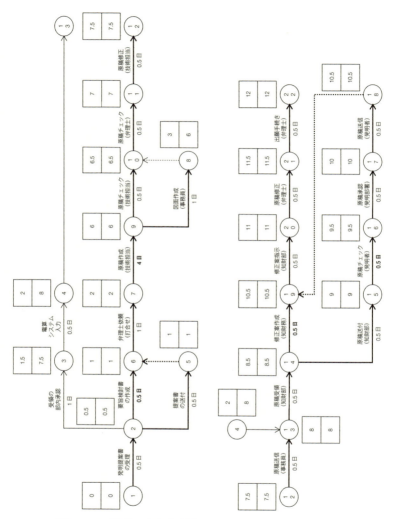

図 6.2-2 改善された知財部における特許申請プロセス

6.2 アロー・ダイヤグラム法の基本

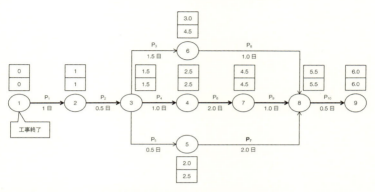

図 6.3-1 業務計画時の入金処理業務プロセスのアロー・ダイヤグラム

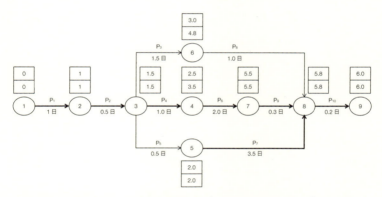

図 6.3-2 改善された入金処理業務プロセスのアロー・ダイヤグラム

るが,ある物件に対する管理の中で,作業 P_7 に1日の遅れが発生していた.担当者に問い合わせると,さらに 0.5 日は必要であるという.そこで,作業 P_7 と作業 P_8 の日程に 1.0 日の余裕のあることから,作業 P_9 と作業 P_{10} に必要な工数を再配分することによって,

後工程や顧客に迷惑をかけることなく,入金処理業務を完結している(図6.3-2).

　この事例が示すように,私たちの日常業務において発生するトラブルを後工程や顧客に影響させることなく,不具合の未然防止を図るためには,全体の業務プロセスをアロー・ダイヤグラムによって見えるようにしておくことが有効である.

第7章 臨戦即応体制の構築

7.1 PDPC法とは

　PDPC法の起源は，近藤[16]によるオペレーションズ・リサーチ（OR）で用いられる問題解決技法の過程決定計画法（Process Decision Program Chart）にある．それは，東大紛争が最も激しかった1968年の秋，当時の加藤一郎総長代行のために，科学的な方法であるORを活用することから開発されたものである．その契機は，互いに膠着状態にあった大学側と学生側の出方が読めない中で，事態解決のシナリオを作成するところから始まっている．

　PDPC法がN7の有力な手法として組み込まれた経緯については，浅田[1]に詳しく紹介されている．少し長くなるが，同氏の説明を次に引用する．

　　1973年5月刊行の「社会科学のための数学入門」[17]における定性モデルの紹介，「オペレーションズ・リサーチ」[18]における重大事故予測事例の紹介をQC手法開発部会メンバーが研究会に紹介したことに始まる．しかし，開発当初は重大事故予測の範疇を越えることなく活用されていたが，近藤による「意思決定の方法—PDPCのすすめ」[16]，「ソフトTQCへのアプローチ」[19]，「企画の図法PDPC」[20]の刊行を経て，品質管理に

おける戦略・戦術マネジメント手法としてのPDPC法が完成されたといえる．

PDPC法の真髄は，浅田[1]も指摘するように「企画の図法PDPC」の6ページに尽きる．「**PDPCは，ある行為・対策に対する最終的な結果と，その結果に至る経過を羅列し，それを図的に表現して，<u>目的を達成するための手段を計画するものである</u>．まさにオペレーションズ・リサーチ（OR）であり，初期の目的を達成する手段をあれこれ考えてみるのがPDPCである．**」（注　下線は筆者による）

7.2　PDPC法の理解

PDPC法を理解するためには，浅田[1]による次の二つの視点からの整理が役立つ．

(1) リスクマネジメントの視点

私たちの直面する問題の解決においては，解決手段系列の実施に伴って発生の懸念されるリスクに備えることが<u>重要</u>であり，その対処の仕方を浅田[1]にヒントを得て，表7.1のように整理することができる．それは，目的を達成するプロセスで発生するかもしれない悲観的な事象を列挙し，その対策をあれこれと発想することで，リスク対応を行うための方法という理解である．

7.2 PDPC法の理解

表 7.1 リスクマネジメントにおける手法の位置づけ

	状態／手段 (Mode/Procedure)	プロセス (Process)
楽観的 (Optimistic/Positive)	系統図法	アロー・ダイヤグラム法 フローチャート
悲観的 (Pessimistic/Negative)	FTA FMEA	ETA PDPC法

(2) 不測事態の区分

浅田[1]は，PDPC法における行為の主導権が自分の側にあるのか，相手側にあるのか，問題解決がスタートする前の段階で作成・検討しようとするのか，スタート後に作成しようとするのかというフレームワークで，PDPC法の活用場面を整理している．PDPC法の真髄に開眼した同氏の卓見であるが，筆者は，少し補足して，表7.2のように分類している．

近藤[16]〜[20]は，表7.2におけるタイプAの場面を想定して提案していたが，N7の手法として紹介され，N7研究会における研鑽を通じてタイプCの成功事例が報告された．その後，納谷[23]においてタイプBやタイプDの成功事例が，納谷[24]においてタイプE

表 7.2 不測事態の発生による PDPC 法の分類

	相手側 (他人・他社・他国や天変地異 などの不可抗力も含む)	自分側 (不確定要素に対する確認を，テ ストしたり解析したりできる)
スタート後	タイプA： ハイジャック型	タイプC： 改善型
スタート前	タイプB： 安全・安心追求型	タイプD： 開発型

タイプE：営業型

の成功事例が報告されている．また，近年では，アイホン株式会社やサンデンホールディングス株式会社において，プロスペクトの考え方を併用することで，新しい視点からのタイプEの成功事例が積み上げられている．また，実務スタッフクラスの問題解決における事例としては，第8章の事例8.1が先進例である．

事例7.1 新製品開発事例

PDPC法が最も有効に機能する場面には，新製品開発や新技術開発がある．しかし，この分野におけるPDPC法の実践事例を紙面で紹介するには限りがあり，その考え方を示す擬似的な例を示すにとどめる（図7.1参照）．

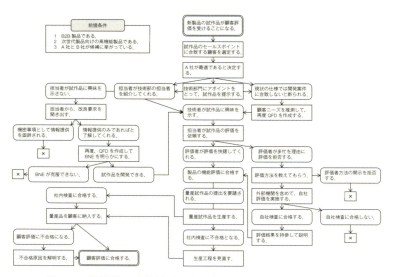

図7.1 新製品の試作品が顧客評価に合格するまでのPDPC

事例 7.2　営業における QNP 法

いまひとつの PDPC 法の輝かしい適用場面は営業活動にある．しかし，先の新製品開発や新技術開発がそうであるように，その実践事例を紹介することは難しい．ここでは，納谷[23),24)]が QNP (QFD・Neck-engineering・PDPC) 法との関係で紹介した GTE (Guess, Try and Error) 法の考え方を営業活動に活用するときの PDPC 法の活用の仕方を事例として紹介する．

顧客工場では，使用される油分を含んだ工場排水を域内の港湾に排水しているため，地域協定を遵守することが社会的責任の観点からも重要である．そこで，新製品の量産を考慮した，新しい排水処理設備を増設することになった．設備検討 WG が発足したとの情報を受け，納期内に設備設計・据付工事受注を完了するための活動における PDPC を作成した（図 7.2，118 ページ参照）．その PDPC で示された受注活動のステップにおいて，「顧客ニーズの把握 (Guess) → QFD の作成・提示 (Try) → 顧客評価 (Error)」のプロセスを繰り返すことで，バージョンアップされた QFD を示している（図 7.3-1 〜図 7.3-3，119〜120 ページ参照）．

図 7.3-1 は，第 1 回の検討会の会合で作成した QFD である．

設備性能や保守およびコストに関して，現時点でわかっている情報が少なく，結果として設備特性（品質特性）に対してもほとんどの情報が空欄になっている．

この QFD をもって，顧客技術部門との会合に臨んだところ，設備に要求される多くの品質項目が明らかとなり，設備特性も充実して，図 7.3-2 の QFD を作成することができた．さらに，このプロ

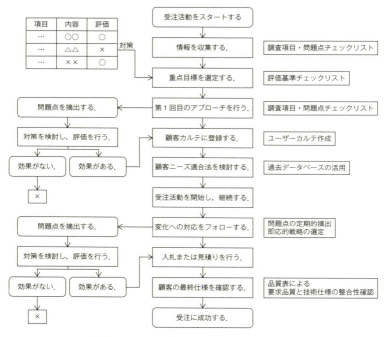

図 7.2 QNP 法における PDPC の役割

セスを継続することで,最終的には,図 7.3-3 の QFD を得ることができた.

この事例が示すように,設備に対する要求品質を行項目,設備特性を列項目として,その交点に「◎:大いに関係がある」「○:関係がある」「空欄:関係がない」といった情報の整理を行うことで,新規排水処理設備受注活動における抜け落ちを未然防止することができている.

7.2 PDPC法の理解

品質特性 (1次)			油水分離槽		点検口		ポンプ		フィルター	
要求品質		2次 / 3次	材質	形状	材質	寸法	口径	設置方法		
1次	2次	3次								
設備性能が優れている	耐久性が高い	水圧に耐えられる	◎	◎	○			○		
		土圧に耐えられる	◎	◎	○					
		腐食に耐えられる	◎		○		○			
	耐候性が良い	気象条件に左右されない	◎		◎					
保守	メンテナンスし易い				◎		◎	◎		
コスト	150万円以下である		◎	○	○	○	○			
仕様目標										

図 7.3-1 第1回会合におけるQFDの一部

品質特性			油水分離槽		点検口		ポンプ				フィルター			配管類							
														4室用			排水用			ケーブル用	
要求品質		1次/2次/3次	材質	形状	材質	寸法	口径	設置方法	吐出量	設置方法	素材	口径	設置方法	材質	口径	表面耐力	材質	口径	表面耐力	材質	口径
1次	2次	3次																			
設備性能が優れている	耐久性が高い	水圧に耐えられる	◎	◎	○			○		◎	○		◎	◎	○		○				
		土圧に耐えられる	◎	◎	○																
		腐食に耐えられる	◎		○		○				○			◎	○		○				
		漏水しない	◎	◎			○	○		◎			○				○				
	耐候性が良い	気象条件に左右されない	◎		◎												○				
		高低温に耐えられる	◎		◎	○		○			◎			◎			○			◎	
	製作が容易である	加工が少ない	○	◎	○	○		◎			◎			○							
		容易に加工できる																			
		1か月で製作できる																			
	据付が容易	一体型である	○	◎										○	○		○	○			
		吊り上げできる																			
保守	メンテナンスし易い				◎		◎	○		◎					○					○	
コスト	150万円以下である		◎	○	◎	○	○		○	○	○	○		◎	○		◎	○			
仕様目標			SUS	5室式	SUS	600×800	100φ	据え置き	180/分					VP管	75φ		VE管				

図 7.3-2 第2回会合におけるQFDの一部

品質特性			1次	油水分離槽		点検口		ポンプ			フィルター		配管類							
			2次										4室用			排水用			ケーブル用	
要求品質			3次	材質	形状	材質	寸法	口径	設置方法	吐出量	素材	設置方法	材質	口径	表面耐力	材質	口径	表面耐力	材質	口径	表面耐力
1次	2次	3次																			
設備性能が優れている	耐久性が高い	水圧に耐えられる		◎	◎			○			◎										
		土圧に耐えられる		◎	◎																
		腐食に耐えられる						○					◎	○	◎	◎	○	◎	◎	○	◎
		漏水しない				○	○	○	◎				◎	○	○	◎	○	○	◎	○	○
	耐候性が良い	気象条件に左右されない											◎	○	◎	◎	○	◎	◎	○	◎
		高低温に耐えられる		○		○	○	◎				◎			◎			◎			◎
	製作が容易である	加工が少ない		○	○	○	○	◎			◎										
		容易に加工できる		◎	○	◎	◎	◎	◎				◎	○		◎	○				
		1か月で製作できる						○	○												
	据付が容易	一体型である																			
		吊り上げできる																			
保守		メンテナンスし易い			◎		◎			◎		◎		○			○			○	
コスト		150万円以下である		◎	◎	○	○	○			○		◎	○		◎	○		◎	○	
仕様目標				SUS	5室式	SUS	600×800	100φ	据え置き	180/分	ダイヤマルス	カセット式	SUS管	100φ	-10℃〜+50℃	VP管	75φ	-10℃〜+70℃	VE管	60φ	-10℃〜+70℃

図 7.3-3 最終的な QFD の一部

事例 7.3 P 回路のコスト低減設計

図 7.4 は,ある会社における実務スタッフ活動において,重要機器のコスト低減を行う中で発生した,P 回路の新規設計問題を解決するプロセスで作成されたものである.図としては,完成版の形で示されているが,実際には,実務スタッフ活動の進捗プロセスに応じて,逐次的に追加・修正を加えながら作成されたものであって,図中の◇における悲観事象に対する対応をあらかじめ検討し,悲観事象が発生したとしても本流に帰着させるための戦術を事態の推移に沿って検討したものである.

私たちの問題解決活動が中途で頓挫する多くの原因は,活動の途中において不測の事態(当初予想していなかった試験結果や試作評

7.2 PDPC法の理解

価)の発生によって，納期までの完了が見通せなくなることにある．そのようなハプニングによって，活動が頓挫することを未然に防止するためには，活動プロセスにおいて，「ここまではわかっているが，ここからわからない」とか「この結果は，こうなる．しかし，その確率は100%ではない」といった場合にPDPC法の考え方を活用することが有効になる．事実，同社における実務スタッフ活動では，すべての活動においてPDPC法の活用が半強制的に義務づけられ，結果として，有効活用されている．

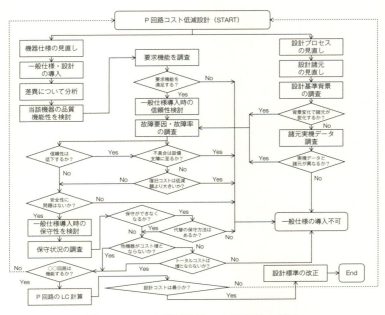

図7.4 コスト低減を狙ったP回路の設計

第8章 PDCA-TC法

浅田[1]は，N7研究会における研究活動を通じて，プロジェクトマネジメントにおけるPDPC法の実践の中から，マネジメントサイクルであるPDCAサイクルとPDPC法の考え方を融合したマネジメントツールとして，PDCA-TC（PDCA Tracing Chart）法を開発した．

この手法は，リーダーがメンバーに権限移譲しつつ，その進捗過程において適切なアドバイス（指示の場合もある）を与え，プロジェクトを成功裏に終結させるための優れたツールである．

以下，浅田[1]をベースとして，PDCA-TCの適用場面を紹介する．

8.1 適 用 場 面

(1) 問題解決活動のわかりやすい説明

問題解決プロセスを第三者にわかりやすく説明するために開発されたものにQCストーリーがある．このPDCA-TC法の第一の機能は，QCストーリーと同様，活動プロセスを第三者にわかりやすく伝えるための道具として活用できる．

QCストーリーは「テーマ選定→現状把握→目標設定→活動計画の作成→…」として説明資料を作成するものである．これに対し

て，PDCA-TC法はQCストーリーと同様のプロセスに沿った活動を「入手情報→調査→計画→実施→結論→判断→結論」のプロセスに沿って記述する．このPDCA-TC法を使った報告を受けた上司は，「判断」の欄をフォローすることで，活動の妥当性を評価することができるため，"おや"と感じたところのPDCA法における「計画」「実施」「結論」の欄に立ち返って指導することができる．

(2) PDPC法のフォロー

PDPC法は，問題解決活動の当事者にとって不測事態を予知・予測しながら，計画時に想定していなかった事態に対して臨戦即応する対策を事前検討するツールとして秀逸であるが，これを第三者に理解させることは難しい．そのような場合，PDPC法に沿った問題解決活動を1枚の図としてPDCA-TC法に整理することで，問題解決の全貌に対する理解を促進することができる．

また，技術開発や受注営業におけるPDPC法を活用した問題解決活動をPDCA-TC法によって整理することで，当該プロセスで獲得した知恵（knowledge）を整理することができるため，"匠の技"の共有にも有効である．

(3) PDPC法の代用

不測事態の発生する場面でPDPC法が有効であるとはいっても，実験検証を伴う技術開発テーマにおける実験の結果はあらかじめ想定できることが多い．そのような場面で，いたずらにPDPC法を作成することなく，PDCA-TC法における「判断」の欄に得られ

るであろう結果に対する推測事項を記入することで，問題解決活動を効果的・効率的に進めることができる場合もある．

PDCA-TC 法の手順

すでに説明したように，PDCA-TC 法は，「入手情報」→「調査」→「計画」→「実施」→「判断」→「結論」の PDCA サイクルに沿った活用を行う．ここで，その概説を与えておくこととする．なお，詳細に関心のある読者は浅田[1]を参考されたい．

ステップ1　入手情報

「入手情報」という名称から"得られた情報"という印象を受けるかもしれないが，問題解決のため，積極的に収集した情報が問題解決の是非に影響するため，この情報の質とタイミングの良否が重要となる．「判断」を正確に行うためには，入手ソース，タイミング，背景，入手者名などを明記しておくことが望まれる．

ステップ2　調　査

ここでいう調査には，入手した情報に基づいて行う調査と判断を的確に行うためのものがある．ステップ1と同様，調査に対するトレーサビリティを明記しておくことが望まれる．

ステップ3　計　画

調査結果に基づいて次のアクションを計画する場合と実施結果に基づいて次のアクションを計画する場合がある．QCストーリーの視点でいえば，現状把握に基づく計画と効果確認に基づく処置に相当する．

ステップ4 実　施

これに対する説明は不要であろう．ただし，PDCA-TC法のよさは，実施内容が計画に沿ってなされたかどうかを明確にできる点がある．そのためには，5W1Hを明確にしておくことが望まれる．

ステップ5 結　果

PDCA-TC法の図表には，PDCA法の流れに直結する内容を的確・簡潔に記載し，詳細は報告書など，別紙にまとめておくとわかりやすい．

ステップ6 判　断

一般に得られた結果から，次のアクションとして取り得る手段は複数ある．問題解決活動が一度のPDCAサイクルで完結する場合には問題とならないが，PDCAサイクルを繰り返し行う場合には，「採用されなかった結論にどのようなものがあったか」を明記しておくことが問題解決活動を効果的・効率的に推進するうえで重要になる場合がある．

ステップ7 結　論

ステップ1〜ステップ6までは，図2.1（41ページ）における思考レベルと事実レベルや図2.2（42ページ）における思考レベルと経験レベルを往復するサイクルである．これに対して，このステップは得られた結果と判断に基づいて，どのように問題解決活動を進めるべきか，その方向を決断するステップである．問題解決活動をプロジェクトに権限移譲している上司が行うべきステップであり，このステップを入れることで「報連相」の域を越えた，全員参加の問題解決活動を結実することができる．

事例 8.1　構内油の構外流出未然防止

　PDCA-TC法の事例を紹介したいが，これは企業秘密に直結する部分が多いため，実践事例を紹介することが難しい．

　図8.1（128ページ）は，ある会社のQCサークルが，設備内で発生する危険性のある構内油の構外への流出を未然に防止するための設備の開発プロセスをPDCA-TC法で整理したものである．「（現状の設備では）少量以上の油が検知できるまでに構外流出するか不明である」という情報に基づいて，これを未然防止するまでのプロセスを計画（P），実施（D），結果・確認（C），判断（A）と結論（TC）の手順に従って活動している．

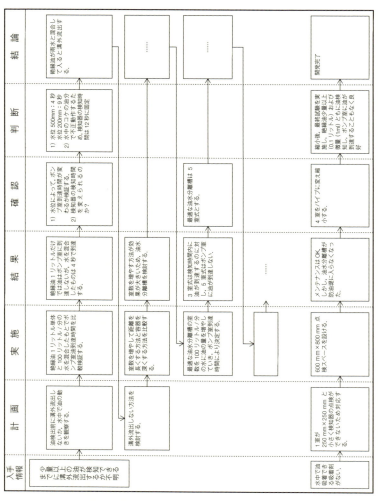

図 8.1 油流出防止設備開発のための PDCA-TC

第9章 N7の企業における実践事例

本章では,N7が企業の管理者・スタッフ改善活動やQCサークル活動において,どのように活用され,どのようにすばらしい成果を得ているかを示すため,関西電力株式会社から貴重な資料を提供いただいた.同社の実務スタッフ実践研究会における事例とQCサークル活動における事例を紹介する.

事例9.1 火力発電所における復水器性能管理の最適化運用について

この事例は,関西電力株式会社火力部門が「電力供給安定化に向けた取組み」の一環として,発電機出力抑制軽減のための対策検討を行うにあたり,平成24年度から平成25年度(2012年度から2013年度)に取り組んだものであり,重要要因の推定に連関図を,その対策検討にPDPC法を活用した事例である.

1. はじめに

東日本大震災以降の需給逼迫を踏まえて「電力需給安定化に向けた取り組み」を平成24年度経営計画の最重要課題とし,これを受けて火力部門では年度計画に「供給力確保に向けた取り組み」を追加して取り組みを進めてきた.

2. テーマ選定

(1) テーマ選定の背景

東日本大震災以降は原子力発電所の設備利用率が低下し,火力発電所の設備利用率が増加している.これに伴い,火力機の不具合による発電機出力抑制も増加傾向となっており,図9.1-1に示すとおり,平成23年度以降はタービン設備の比率が突出している.

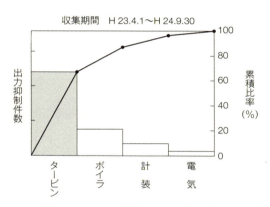

図 9.1-1 火力設備別の出力抑制件数

(2) 課題の明確化

タービン設備における発電機出力抑制を要因別に分類した結果,図9.1-2に示すとおり復水器細管洗浄(以下,「細管洗浄」という)時の「スポンジボール(以下,「ボール」という)回収率未達」による発電機出力抑制が件数・抑制量ともに多くなっている.

事例 9.1 火力発電所における復水器性能管理の最適化運用

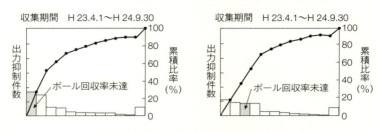

図 9.1-2 要因別の出力抑制件数と出力抑制量

(3) 目標の設定

これらの背景から,「復水器真空度の維持を前提に,ボール回収率未達を低減することによって発電機出力抑制を最小限にする」ことを目標とした.

なお,復水器真空度が低下すると燃料投入量(費用)が増加して火力機の競争力が低下するため,復水器真空度の維持を前提条件とした.

(補足)

発電機出力抑制には2種類があり,事前調整のうえ,計画的に実施する「計画的出力抑制」と不具合対応のため可及的速やかに実施する「計画外出力抑制」がある.

4. 現状把握
(1) 細管洗浄の目的

蒸気タービンで仕事を終えた蒸気を海水で冷却(熱交換)し,水へ戻すための装置に復水器がある.復水器には数万本の細い管(以下,「細管」という)があり,そこに海水中の生物皮膜などが付着する

と熱交換率が悪化し，復水器真空度が低下するため，発電所ごとに実施頻度を定めて細管内面をボールで洗浄している（図9.1-3参照）．

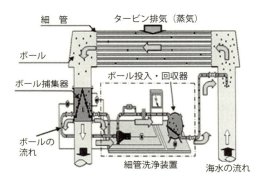

図 9.1-3　細管洗浄の概略系統図

（2）ボール回収率未達時の処置

ボール回収率とは，投入したボールに対する回収した数量の比率であり，ボール回収率が管理値未達となった場合は計画外出力抑制を行い，海水流量の変動や復水器内部点検（以下，「内部点検」という）等を実施し，ボール回収に努めている．

すなわち，細管洗浄の実施自体が計画外出力抑制を発生させるリスクを含んでいる．

（3）ボール回収率未達の要因分析

図9.1-4は連関図により分析した結果を示したもので，海生生物が付着・堆積することが重要要因と推定した．

事例 9.1 火力発電所における復水器性能管理の最適化運用 133

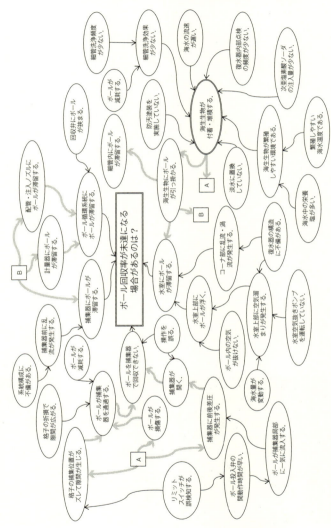

図 9.1-4 ボール回収率が未達になる要因分析

(4) ボール回収率未達時の原因調査

図 9.1-5 は平成 23 年度，平成 24 年度に発生したボール回収率未達による計画外出力抑制の原因の調査結果を示したもので，海生生物の付着・堆積によるものが 51% と最も多いことが判明した．また，写真 9.1-1 はボール回収率未達時に実施した内部点検記録例を示したもので，海生生物の付着・堆積が原因となって復水器内部にボールが滞留していることが判明した．

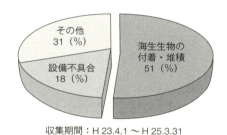

収集期間：H 23.4.1 〜 H 25.3.31

図 9.1-5 回収率未達の内訳（出力抑制量）

写真 9.1-1 復水器内部のボール滞留状況例

以上から,ボール回収率向上を図るには,海生生物の付着・堆積防止および除去が必要である.

(5) 主な海生生物の付着・堆積防止および除去対策

(a) 内部点検

復水器水室と細管の保護を目的として,計画的出力抑制のうえ,復水器水室に作業員が入り,付着した海生生物等の異物を除去している.また,細管が海生生物等によって閉塞している場合には,水・ゴム等により洗浄除去している.その実施時期と頻度については,電力需要ピーク等を踏まえて発電所ごとに定めており,目視による設備の健全性確認も兼ねて実施している(表9.1-1参照).

表9.1-1 内部点検で除去した主な海生生物

種 別	出現水温(℃)	発電所
ムラサキイガイ	9〜21	舞鶴・御坊・海南・南港 姫一・姫二・相生・赤穂
ミドリイガイ	20〜32	南港 姫一・姫二・相生・赤穂
フジツボ	15〜30	舞鶴・御坊・海南・南港 姫一・姫二・相生・赤穂
ヒドロ虫	通 年	舞鶴・御坊・海南・南港 姫一・姫二・相生・赤穂
カ キ	15〜30	南港 姫一・姫二・相生・赤穂

(b) 復水器温水浄化

計画的出力抑制を実施のうえ，復水器出入口弁を閉止することにより，海水の流れを遮断し，タービンからの蒸気により，復水器内部およびボール循環系統の海水温度を上昇させ，海生生物を除去または成長を抑制している．復水温水浄化（以下，「温水浄化」という）導入にあたっては，環境への影響がないことを確認している．

なお，除去効果については，足糸を分泌して付着するムラサキイガイやミドリイガイ等は除去できるが，セメント物質や足盤により固着するフジツボやヒドロ虫，カキなどを除去するまでには至らない．

4. 対策立案と最適策の追求

（1）対策立案

以上の現状把握から，ボール回収率向上には海生生物付着・堆積および除去が必要であるが，これらの対策の検討を進める前に，まずは「ボール回収率未達による計画外出力抑制リスクをなくす」という観点で抜本的な対策として細管洗浄自体の取り止めについて検討した．

図9.1-6はPDPC法を用いて作成した対策検討フローであり，南港発電所2号機で検証した．

（2）最適策の追求

対策1　細管洗浄取り止め

平成24年1月1日から同年12月31日までの間で復水器真空度

事例 9.1 火力発電所における復水器性能管理の最適化運用

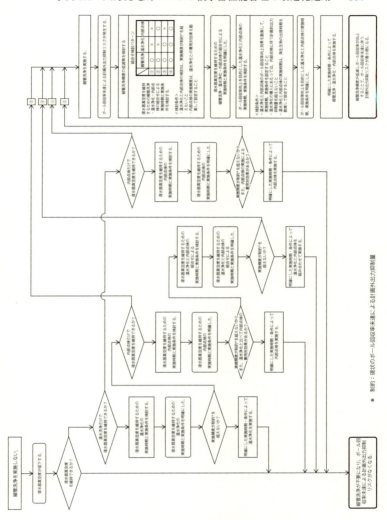

図 9.1-6 対策検討フロー

の推移を確認した結果，細管洗浄を実施しなかった場合には復水器真空度が顕著に低下する時期があった（図9.1-7参照）．このことから復水器真空度を維持できないため，細管洗浄の取り止めはできないと判断した．

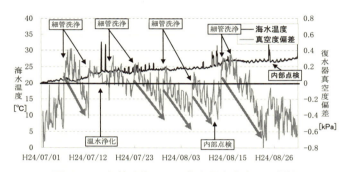

図 9.1-7　細管洗浄による復水器真空度への影響

次に，細管洗浄の代替策について，計画的出力抑制量の少ない順に検討を進めた．

対策2　温水浄化による細管洗浄取り止め

平成24年11月20日から平成25年2月3日まで，細管洗浄を実施しなかった状態で温水浄化を実施し，復水器真空度の回復および維持できるかを実機で検証した結果，温水浄化を実施すれば復水器真空度は回復するが，2日後には元の復水器真空度に戻ることを確認した（図9.1-8参照）．このことから，温水浄化では復水器真空度を維持できないため，細管洗浄の取り止めはできないと判断した．

事例 9.1　火力発電所における復水器性能管理の最適化運用　139

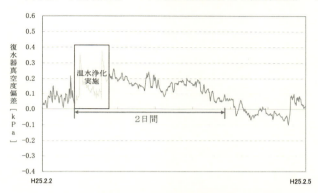

図 9.1-8　温水浄化による復水器真空度への影響

対策 3　内部点検による細管洗浄取り止め

　内部点検実施前後の復水器真空度を確認した結果，復水器水室の点検清掃だけでは回復しないが，細管内面のゴム洗浄またはジェット洗浄では回復することを確認した．ただし，細管洗浄をゴム洗浄またはジェット洗浄に代替することで，計画的出力抑制量がボール回収率未達による計画外出力抑制量を超えるため，いずれも得策ではないと判断した．

　以上の検証結果から，代替策でも細管洗浄を取り止めできないため，次に「ボール回収率未達による計画外出力抑制リスクを減らす」観点で検討を進めた．

対策 4　細管洗浄頻度の低減

　細管洗浄とゴム洗浄またはジェット洗浄との組合せにより，細管洗浄頻度の低減が可能であるか確認した．いずれも細管洗浄回数低

減の効果に対して，計画的出力抑制量と作業コストが増加するため，細管洗浄頻度の低減対策として得策ではないと判断した．

次に復水器真空度の推移をもとに細管洗浄頻度を低減できないか検討した．

図 9.1-9 は復水器真空度 −98.4（kPa）において，設計上の復水器性能が最高となることを示したもので，これを超える復水器真空度域においては，細管洗浄を取り止めることが可能であり，細管洗浄頻度を低減できると判断した．

なお，細管洗浄取り止めによる細管漏洩リスクについては，復水器真空度低下の主要因である生物皮膜の生成以降に大型海生生物が付着し，漏洩に至ることから，復水器真空度管理にて細管洗浄を実施し，生物皮膜の除去を行うことでリスクの回避は可能と想定する．

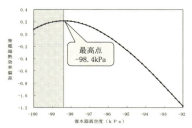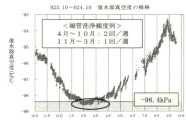

図 9.1-9 復水器真空度曲線と復水器真空度の推移

対策 5 ボール回収率の向上

海生生物の付着・堆積防止および除去を目的とした温水浄化と内部点検にはボール回収率向上効果が期待できるため，それぞれの効

果を検定した結果，いずれもボール回収率は向上することがわかった．また，両者の効果に差異はないこともわかった（図 9.1-10，図 9.1-11）．

このことから，温水浄化は作業に伴う計画的出力抑制量が少なく，海生生物の除去範囲が広い．一方で，内部点検は海生生物を除去できる種別が多く，目視による設備の健全性の確認が可能であり，電力の安全・安定運転の継続には必要不可欠であることから，電力需要ピーク前に実施し，この時期以外に実施している内部点検

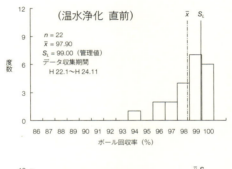

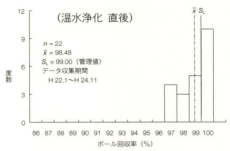

図 9.1-10 温水浄化前後のボール回収率

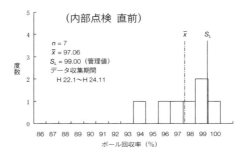

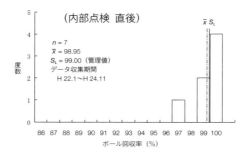

図 9.1-11 内部点検前後のボール回収率

を温水浄化に変更することが可能と判断した(表 9.1-2).

　温水浄化の効果的な実施時期を検討するため,海生生物の生態を文献調査した結果,ムラサキイガイおよびミドリイガイの出現ピークに実施することで,除去・成長抑制効果が図られ,ボール回収率が向上すると判断した(表 9.1-3).

事例 9.1 火力発電所における復水器性能管理の最適化運用

表 9.1-2 海生生物の効果的な除去時期

種 別	ムラサキイガイ	ミドリイガイ	フジツボ	ヒドロ虫	カ キ
幼生出現水温（ピーク）	8～21℃（15℃以上）	20～32℃（25℃以上）	15～30℃（20℃以上）	通年（15～25℃）	15～30℃（23～25℃）
成長抑制	温水浄化	温水浄化	温水浄化		温水浄化
除去方策	温水浄化 or 内部点検	内部点検	内部点検	内部点検	内部点検
効率的な除去時期	繁殖前			付着後	成長前

表 9.1-3 海生生物の出現カレンダー

□：出現月　■：出現ピーク

	4月	5月	6月	7月	8月	9月	10月	11月	12月	1月	2月	3月
温水浄化内部点検	／	／		／		／	／					
ムラサキイガイ	□	□	□					□	□	□	□	□
ミドリイガイ				■	■	■	■					
フジツボ			■	■	□	□						
ヒドロ虫			□	■	■	□						
カ キ			□	■	■	□						

5．活動のまとめ

（1）細管洗浄頻度の低減

　設計上の復水器性能が最高となる復水器真空度を超える真空度域においては，細管洗浄を取り止めることで，ボール回収率未達による計画外出力抑制リスクの低減が期待できる．

（2）温水浄化と内部点検の組合せによるボール回収率の向上

　温水浄化は，海生生物の出現カレンダーをもとに実施すること

で,ボール回収率未達による計画外出力抑制や作業に伴う計画的出力抑制の低減が期待できる.海生生物の付着・堆積量はユニットにより大きく異なる場合があることが確認されたことから,ユニットごとの内部点検頻度を検討することで,さらなる作業に伴う計画的出力抑制量の低減が期待できる.

事例 9.2　電柱建替え時の安全性を向上させるには

この事例は,関西電力株式会社大阪南ネットワークエンジニアリングセンターが「平成 26 年度全社 QC サークル発表大会」で発表したものである.

同センターは,電柱などに代表される変電所からお客さまままでの配電設備を保守,運用をするために必要な直営技能スキル向上や用品(機器)開発,新工法の開発をしている.

直営の技術力を生かして災害復旧現場での復旧工事なども行って

写真 9.2-1　電柱建替え工事の風景

事例9.2 電柱建替え時の安全性の向上

おり，現場作業のエキスパート集団である．

今回の事例は安全最優先の部門方針のもと，電柱を建替える際に発生する四つの災害リスクに対し，電柱を運搬する台車を開発することでリスクを低減させ，安全に作業できるように取り組んだものである．

「リスクマトリックス」を活用し，Bランク（注意）にある四つの災害リスクの低減を目標に設定した．「FT図」を活用して重要要因を抽出し，「系統図とマトリックス図」により重要要因に対応する対策の立案を行い，電柱を運搬する台車を開発することにした．開発に際し，「K型要求品質展開表」で要求品質の整理を行い，試行錯誤を繰り返し開発した．そして，効果の把握として再び「FT図」「リスクマトリック」を用いて再評価し，対策後のリスク発生頻度の低減に伴いBランク（注意）からCランク（安全）に低減されたことを確認した事例である．

1. テーマ選定

同センターの重点実施項目の一つである安全最優先の組織風土の醸成と安定供給の確保から，安全に関するテーマをメンバー全員でブレーンストーミングにより抽出した．「引込線や通信線が輻輳する箇所での電柱建替え作業に不安がある」という問題点が最も高い評価となった（表9.2-1参照）．

電柱建替え工事における災害の実態調査を行ったところ，過去10年で14件発生しており，そのうち6件が電柱を建てたり，抜いたりする作業時の災害であった（表9.2-2参照）．

表 9.2-1　問題点抽出

問題点	緊急性	影響度	頻度	評価
引込線や通信線が輻輳する箇所での電柱建替え工事に不安がある	3	5	5	75
地中線特殊スキルを技術伝承できておらず，安全作業できない	3	3	5	45
間接活線作業ですべての鳥害対策品を安全に取り付けできない	3	3	3	27

評価点	緊急性	影響度	頻度
5	すぐに必要である	本店大	よくある
3	1年以内に必要	支店大	時々ある
1	当分必要でない	営業所大	ほとんどない

表 9.2-2　関西電力管内の電柱建替え災害実績の内訳

電柱建替え工事の過去災害実績（過去10年）

電柱建替え工事の災害　N=14
- 建抜柱作業時：6
- 電線撤去中：3
- その他：3
- 架線作業時：2

全社実績，H16〜H25年度

建抜柱作業の災害　10年で6件発生
- 作業員転倒・分離した柱に接触：2（H16）
- 穴建車転倒：1（H18）
- （H19）：1
- 元口操作時に感電：1（H20）
- 元口で手を挟む：1（H24）

1回/2年で電柱建替え時の災害が発生

また，電柱建替え工事の実績として，毎年2000本以上の電柱建替え工事があることがわかった．電柱建替え時における作業員の不安を払拭するために，より安全な施工方法を確立する必要があると考え，「電柱建替え時の安全性を向上させるには」をテーマ選定した．

2. 現状把握

(1) 配電設備と電柱建替え工事

配電設備には主に電柱に施設されている高圧線・低圧線・引込線・通信線等がある（図 9.2-1 参照）．電柱建替え工事には，まず，新しい電柱を建柱し，古い電柱に設置されている配電設備を新しい電柱へ移設する．そして，古い電柱を抜柱するという手順で行っている．新しい電柱を建柱する際は，引込線や通信線等の障害物を避けるために電柱を吊り上げ，元口（電柱の下部末端）を移動させる「元口移動法」にて行っている（図 9.2-2 参照）．

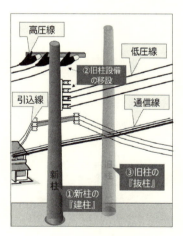

図 9.2-1　配線設備

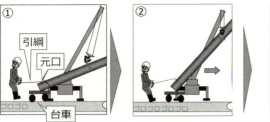

図 9.2-2　元口移動法の作業イメージ

(2) 元口移動法の問題点の把握

元口移動法の問題点として，同社直営メンバーと協力会社の意見を踏まえ，次の四つを抽出した．

① ワイヤーが斜め吊りになり，吊り上げている車両が転倒する．
② ある角度を超えると，台車が加速して引っ張られる．
③ 電柱が振れて元口が作業員に近づく．
④ 台車が傾き，電柱が落ちる．

図 9.2-3　元口移動法の問題点イメージ

事例 9.2 電柱建替え時の安全性の向上　　　149

3. 目標設定

今回,目標を発生頻度と災害の程度の積算で災害リスクを評価できるリスクマトリックスを活用し,それぞれの問題点を災害リスクとして整理した.

① 穴建車(電柱を吊り上げる車両)が転倒する.
② 加速についていけず,転倒する.
③ 電柱に近づき接触,挟まれる.
④ 落ちた電柱と接触,挟まれる.

なお,災害リスク評価は「A:危険,B:注意,C:安全」に分類され,この四つの災害リスクは図 9.2-4 に示すように,すべて B に分布していると考えられる.この災害リスクを 6 月中に C に改善することを目標として設定した.

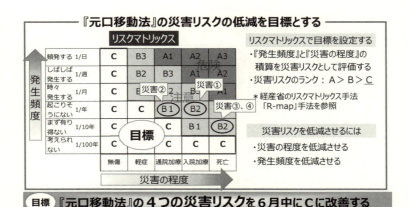

図 9.2-4　リスクマトリックスを活用した目標設定

4. 要因の解析

今回の取組みでは，災害リスクを低減するために0災害を目指し，発生頻度の低減に取り組んだ．そのため，FT図を使用し，災害リスクの発生頻度が高くなっている要因を抽出した．

抽出した要因の発生頻度は作業員の過去の経験から決定した．抽出した要因から七つの重要要因を決定し，災害リスクの発生を算出した（図9.2-5参照）．この七つの重要要因の発生頻度を低減することで，災害リスクの発生頻度を低減することにつながると考えた．

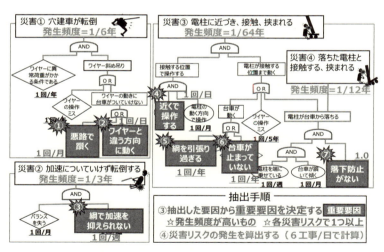

図9.2-5 FT図を活用した要因解析

5. 対策の立案

抽出した七つの重要要因より，系統図とマトリックス図を用いて対策を立案した．これらの対策を安全性・コスト・実現性・作業性の4項目で評価した結果，評価の高い，

① 台車のハンドル
② 台車のブレーキ
③ 台車の仮固定箇所

の三つを対策として選定し，実施することにした（図9.2-6参照）．

また，これら三つの対策がすべて台車の対策であるため，台車に着目して対策を実施した．

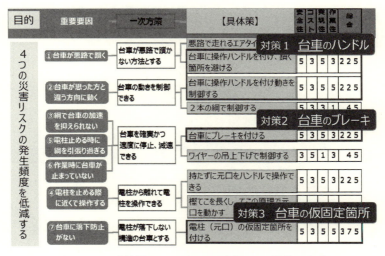

図9.2-6 系統図とマトリックス図による対策の立案

6. 対策の検討と実施

これまで使用してきた台車はタイヤに板を乗せた簡易的な台車であった．対策①〜③に対応するために，ハンドルとブレーキの取付けや仮固定ができる構造をした「元口移動台車」を新たに開発することにした．具体的には元口移動台車の要求品質事項を整理し，三つの対策に関する要求品質に関してK型品質機能展開表を活用し，整理した．整理された七つの代表的要求品質を満足するかを，試作品を用いて建柱作業，抜柱作業において評価した（図9.2-7参照）．

1次試作，2次試作を経て，3次試作で七つの代表的要求品質を満足する試作品を作成することができた．3次試作品の特徴は次の

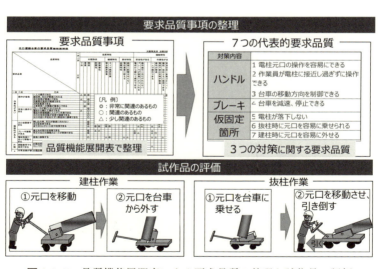

図 9.2-7　品質機能展開表による要求品質の整理と試作品の評価

事例 9.2 電柱建替え時の安全性の向上

とおりである．
　① ハンドルを左右に動かすことで方向転換ができる．
　② ハンドルを倒すことでブレーキがかかる．
　③ 回転架台はハンドルにより角度を制御することができる．
なお，ハンドルをワイドにすることで，横からもつことができる構造とし，横からも操作できるようにした．仮固定箇所は角度をハンドルで操作できるようにもした．

訓練場での検証を経て，現場でも問題なく安全に作業できることを確認した（写真 9.2-2 参照）．ワイヤーにて電柱を吊り上げても斜め吊りにはならない，ブレーキがあるため加速も抑制でき，電柱が振れることもないなど，安全に作業できることが実証できた．

写真 9.2-2　3 次試作品と検証状況

7．効果確認

FT図を活用し，対策後に災害リスクがどの程度低減したか確認した（図9.2-8参照）．例えば，「災害① 穴建車が転倒する」については，対策を実施することで，発生頻度が6年に1回から，100年に1回まで低減することができた．

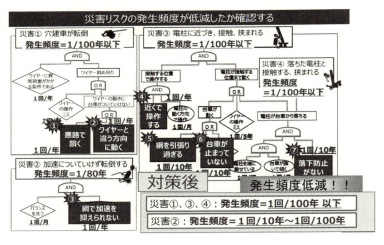

図 9.2-8 対策後の FT 図

さらに，他の災害の低減状況すべてに関してリスクマトリックスで確認すると，四つの災害リスクすべてをCに改善することができ，目標を達成した（図9.2-9参照）．また，副次効果として，作業時間を大幅に短縮することができ，同センターでは年間約51人日もの削減効果を見込むことができた．

事例 9.2　電柱建替え時の安全性の向上

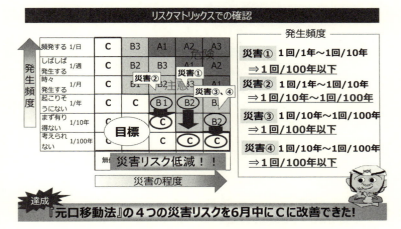

図 9.2-9　リスクマトリックスによる効果確認

8. 歯止め

元口移動台車の取扱いマニュアルおよび購入仕様書を制定し，標準化を図った．また，会議等で周知し，水平展開を図っている．今後は，あらゆる現場で活用し，さらなる問題点の抽出を行い，改良に取り組む予定である．

あとがき

1970年代に研究・開発され，品質管理の分野を中心とする多くの問題解決，特に，管理者・スタッフの問題解決に大きく貢献してきた「新QC七つ道具」の本質を執筆するという野望にチャレンジした．「はじめに」において述べたように，N7は，一見するとばらばらで混沌とした情報を言語データ化することで混沌解明を行い，未来洞察と目標設定および目標達成のためのバックキャスティング的な重点問題の設定と解決を支援する卓越した手法群として整理されたものである．

BRICsに象徴される新興工業国から，MENASA（Middle East, North Africa, and South Asia）の台頭に直面するなど，ますます混迷の度合を深める産業界にあって，確かな未来を洞察することの重要性が，いま，まさに注目されている．そうした状況において，思考の質を高め，行動の確度を高めるため，いまほどN7に期待される時代はないといえよう．

本書が，激動の荒波に巻き込まれている管理者・スタッフの期待に応えることができ，N7の魅力を示すことができたとすれば，最高の喜びである．

最後に，このような機会を与えていただき，厳しくも温かく見守っていただいた，飯塚悦功東京大学名誉教授をはじめとするJSQC選書編集委員会の委員の方々，特に，ご多忙の中，筆者の拙い原稿を細部にわたって査読いただき，貴重なコメントをいただい

た，久保田洋志広島工業大学名誉教授，貴重な企業実践事例を提供していただいた，関西電力株式会社の関係者の皆様にあらためて感謝を申し上げつつ，筆をおきたいと思います．

引用・参考文献

1) 浅田潔(2003)：21世紀の経営戦略を支える「新QC七つ道具」の使い方—激動期を「混沌解明」と「挑戦管理」で乗り切る法，日経事業出版センター
2) 飯塚悦功，金子龍三(2012)：原因分析—構造モデルベース分析術，日科技連出版社
3) 猪原正守(2011)：JSQC選書17 問題解決法—問題の発見と解決を通じた組織能力構築，日本規格協会
4) 今枝誠，古畑慶次(2013)：デンソーにおける人づくり，価値づくり，物づくり—21世紀の新たな日本流ものづくり，日科技連出版社
5) 梅棹忠夫(1969)：知的生産の技術(岩波新書)，岩波書店
6) 大野耐一(2014)：トヨタ生産方式の原点，日本能率協会マネジメントセンター
7) 川喜田二郎(1964)：パーティー学(現代教養文庫)，社会思想社
8) 川喜田二郎(1967)：発想法—創造性開発のために(中公新書)，中央公論社
9) 川喜田二郎(1970)：続・発想法—KJ法の展開と応用(中公新書)，中央公論社
10) 川喜田二郎，牧島信一(1970)：問題解決学—KJ法ワークブック，講談社
11) 川喜田二郎(1977)：「知」の探検学—取材から創造へ(講談社現代新書)，講談社
12) 川喜田二郎(1986)：KJ法—渾沌をして語らしめる，中央公論社
13) 川喜田二郎(1993)：創造と伝統—人間の深奥と民主主義の根元を探る，祥伝社
14) 佐々木眞一(2015)：トヨタの自工程完結，ダイヤモンド社
15) C.H.ケプナー，B.B.トリゴー，上野一郎訳(1985)：新・管理者の判断力—ラショナル・マネジャー，産能大出版部
16) 近藤次郎(1981)：意思決定の方法—PDPCのすすめ(NHKブックス)，NHK出版
17) 近藤次郎(1973)：社会科学のための数学入門—数学モデルの作り方，東洋経済新報社
18) 近藤次郎(1973)：オペレーションズ・リサーチ(ORライブラリ-1)，日科技連出版社

19) 近藤次郎(1986)：経営科学読本『ソフトTQCへのアプローチ』，日科技連出版社
20) 近藤次郎(1988)：企画の図法PDPC，日科技連出版社
21) 千住鎮雄，伏見多美雄(1967)：経済性工学―利益拡大の計画技術，日本能率協会
22) 千住鎮雄，水野紀一(1971)：品質管理のための経済計算，日科技連出版社
23) 納谷嘉信(1982)：TQC推進のための方針管理―新QC七つ道具を活用して，日科技連出版社
24) 納谷嘉信(1991)：TQCの知恵を活かす営業活動―人材育成から仕組みの構築へ，日科技連出版社
25) (社)日本品質管理学会 標準委員会編(2009)：JSQC選書7 日本の品質を論ずるための品質管理用語85，日本規格協会
26) H.E.フィッシャー(2000)：女の直感が男社会を覆す―ビジネスはどう変わるか(上・下)，草思社
27) 水野滋監修，QC手法開発部会編(2000)：全社的品質管理推進のための管理者・スタッフの新QC七つ道具，日科技連出版社
28) 谷津進(1995)：品質管理の実際(日経文庫)，日本経済新聞社
29) 中山正和(1968)：カンの構造―発想をうながすもの(中公新書)，中央公論新社
30) 米盛裕二(2007)：アブダクション―仮説と発見の論理，勁草書房

索　引

アルファベット

A 型図解法　39
Abduction　41
CPM　28, 105
Deduction　40
GERT　29
GTE 法　117
Holon 性　35
Induction　40
Is　22
Is not　22
KJ 法　39, 41
MECE　100
Opportunity　100
OR　113, 114
PDPC　30, 114
——法　113, 123
PERT　28, 105
QNP 法　117
QC サークル活動の本質　17
QC ストーリー　15, 123
Strength　100
SWOT 分析　100
Threat　100
W 型問題解決モデル　41
Weakness　100

あ

アブダクション　33
アロー・ダイヤグラム法　29, 105

え

演繹的推論　34
演繹的方法　40
演繹法　33

お

オペレーションズ・リサーチ　113, 114

か

解決手段の展開　25
外部探検　42
開放性　35
科学　40
仮説生成　33
課題　13
過程決定計画法　113
カミキレ法　39

き

帰納的推論　34
帰納的方法　40
帰納法　33
近未来を予測できる情報　16

く

クリティカル・パス　25, 29, 106

け

経済性　25
系統図法　79
原因分析(Why)型の問題　14
研究室内科学　40

こ

構成要素展開型　79
混沌解明　42, 43

さ

最重要経路　29, 106
最適手段系列　105

し

自己組織化　35
事態予測型の問題　15
実験科学　40
実現性　25
手段展開型　79
　　──系統図　25, 81
　　──系統図法　79
　　──連関図　25
　　──連関図法　79
手段発見(How)型の問題　14
書斎科学　40
親和図法　39

せ

設計的アプローチ　34
線形情報　16, 79

全体性　35
全体論的思考　34

た

ダブりなく　100

ち

知の創出　42, 47

な

内部探索　42

は

発想法　40

ひ

非線形情報　16, 79

ふ

ブレーンストーミングの4原則　24
プロジェクトマネジメント手法　28
フロート　29
分析的アプローチ　34

ほ

ホロン性　35

ま

マトリックス図法　99, 101

み

未知の創出　45
未来洞察　43

も

目標設定(What)型の問題　14
漏れがなく　100
問題　13

や

野外科学　40, 41

ゆ

有効性　25

よ

要因追究型　80
要素還元論的思考　34
予測できないが見えている情報　16

れ

連関図法　61, 88

JSQC選書26

新QC七つ道具
混沌解明・未来洞察・重点問題の設定と解決

定価：本体1,600円（税別）

2016年10月25日　第1版第1刷発行

監修者　一般社団法人　日本品質管理学会
著　者　猪原　正守
発行者　揖斐　敏夫
発行所　一般財団法人　日本規格協会
　　　　〒108-0073　東京都港区三田3-13-12　三田MTビル
　　　　http://www.jsa.or.jp/
　　　　振替　00160-2-195146
印刷所　日本ハイコム株式会社

© Masamori Ihara, 2016　　　Printed in Japan
ISBN978-4-542-50475-2

● 当会発行図書，海外規格のお求めは，下記をご利用ください．
　販売サービスチーム：(03)4231-8550
　書店販売：(03)4231-8553　注文FAX：(03)4231-8665
　JSA Web Store：http://www.webstore.jsa.or.jp/

JSQC選書

JSQC(日本品質管理学会) 監修

定価:本体 1,500 円～1,800 円(税別)

1	**Q-Japan** よみがえれ,品質立国日本	飯塚　悦功　著
2	**日常管理の基本と実践** 日常やるべきことをきっちり実施する	久保田洋志　著
3	**質を第一とする人材育成** 人の質,どう保証する	岩崎日出男　編著
4	**トラブル未然防止のための知識の構造化** SSM による設計・計画の質を高める知識マネジメント	田村　泰彦　著
5	**我が国文化と品質** 精緻さにこだわる不確実性回避文化の功罪	圓川　隆夫　著
6	**アフェクティブ・クォリティ** 感情経験を提供する商品・サービス	梅室　博行　著
7	**日本の品質を論ずるための品質管理用語 85**	日本品質管理学会 標準委員会　編
8	**リスクマネジメント** 目標達成を支援するマネジメント技術	野口　和彦　著
9	**ブランドマネジメント** 究極的なありたい姿が組織能力を更に高める	加藤雄一郎　著
10	**シミュレーションと SQC** 場当たり的シミュレーションからの脱却	吉野　　睦 仁科　　健　共著

日本規格協会　　http://www.webstore.jsa.or.jp/

JSQC選書

JSQC(日本品質管理学会) 監修
定価:本体 1,500 円～1,800 円(税別)

11	**人に起因するトラブル・事故の未然防止とRCA** 未然防止の視点からマネジメントを見直す	中條　武志　著
12	**医療安全へのヒューマンファクターズアプローチ** 人間中心の医療システムの構築に向けて	河野龍太郎　著
13	**QFD** 企画段階から質保証を実現する具体的方法	大藤　　正　著
14	**FMEA辞書** 気づき能力の強化による設計不具合未然防止	本田　陽広　著
15	**サービス品質の構造を探る** プロ野球の事例から学ぶ	鈴木　秀男　著
16	**日本の品質を論ずるための品質管理用語 Part 2**	日本品質管理学会 標準委員会　編
17	**問題解決法** 問題の発見と解決を通じた組織能力構築	猪原　正守　著
18	**工程能力指数** 実践方法とその理論	永田　　靖 棟近　雅彦　共著
19	**信頼性・安全性の確保と未然防止**	鈴木　和幸　著
20	**情報品質** データの有効活用が企業価値を高める	関口　恭毅　著

日本規格協会　　http://www.webstore.jsa.or.jp/

JSQC選書

JSQC（日本品質管理学会） 監修
定価:本体 1,500 円～1,800 円(税別)

21	**低炭素社会構築における産業界・企業の役割**	桜井　正光　著
22	**安全文化** 　　その本質と実践	倉田　聡　著
23	**会社を育て人を育てる品質経営** 　　先進，信頼，総智・総力	深谷　紘一　著
24	**自工程完結** 　　品質は工程で造りこむ	佐々木眞一　著
25	**QC サークル活動の再考** 　　自主的小集団改善活動	久保田洋志　著

日本規格協会　　http://www.webstore.jsa.or.jp/